Mastercam 2D 繪圖及加工使用手冊

陳肇權、楊振治　編著

教學影片、範例圖檔

全華圖書股份有限公司

序言

　　近年來電腦化已是全球進步的一種工具，CAD/CAM 技術普遍地跟隨工具機發展而受重視，利用電腦的輔助才能達到更快速、更精準的成效且已普遍獲得產業界的依賴，在台灣機械加工從業人員，利用電腦輔助機械製造軟體針對零件加工及模具加工已漸成雛形。

　　Mastercam 是全球電腦輔助製造類銷售量最高的軟體，應用廣泛；美國原廠隨時依據使用者的要求提供最新加工技術供使用者使用，所以從 Mastercam 這套軟體中可以了解目前先進國家所使用的加工技術和觀念。本書由淺入深，讀者只要依書中的範例配合解說，就能學會 Mastercam 的操作，產生需要的 NC 程式。

　　感謝 Mastercam 台灣總代理眾宇科技有限公司李總經理和吳經理的技術支援和指導，也感謝全華圖書公司編二部全體同仁的協助製作，讓本書得以順利完成。

作者　陳肇權、楊振治　謹致

編輯部序

「系統編輯」是我們的編輯方針，我們所提供給您的，絕不只是一本書，而是關於這門學問的所有知識，它們由淺入深，循序漸進。

本書以 Mastercam 2020 為主要操作介面編寫而成，強調由範例中學習指令操作，並在過程中說明各種指令，書中分為操作介面、座標輸入、繪圖(一~三)、圖素的修整、轉換、圖形檢查、刀具參數、外形銑削、挖槽、鑽孔、全圓路徑、路徑轉換等 14 個章節，依使用過程循序漸進的導入新功能與技巧。

同時，為了使您能有系統且循序漸進研習相關方面的叢書，我們以流程圖方式，列出各有關圖書的閱讀順序，以減少您研習此門學問的摸索時間，並能對這門學問有完整的知識。若您在這方面有任何問題，歡迎來函連繫，我們將竭誠為您服務。

目錄

01

操作介面

學習目標

1.　了解 Mastercam 工作區及觀念

2.　圖檔的存取

3.　快速鍵的用法

1-1　滑鼠操作說明

Mastercam 之滑鼠操作方式：

左鍵：『選取』鍵。(如圖 1-1-1)

中鍵：滾輪功能為『放大縮小』。(如圖 1-1-1)

按住不放則為『動態旋轉』。

按住不放及按住『Shift』不放則為『視窗平移』。

右鍵：右鍵功能表；此功能可自訂來符合使用者常用的功能。(如圖 1-1-2)

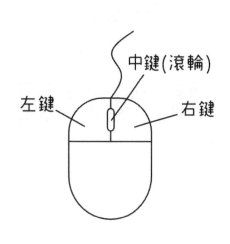

圖 1-1-1　　　　　　　　　　　　　　　圖 1-1-2

1-2　畫面功能說明

進入 Mastercam2020 後，螢幕顯示 Mastercam 的畫面(如圖 1-2-1)。

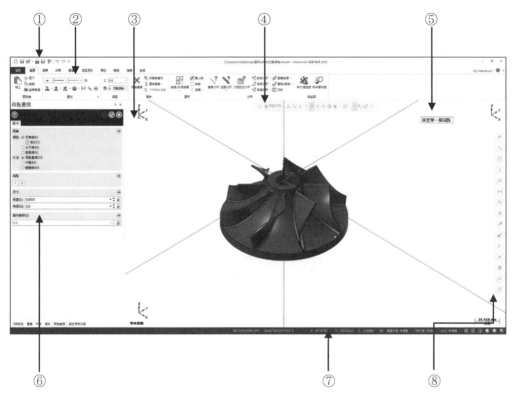

▲ 圖 1-2-1

① **常駐工具列**：可自行增加或移除常用指令。

② **功能表區：**

Mastercam 絕大部分的功能指令放置的地方。當使用者以滑鼠左鍵在功能表區選取一功能時，系統會依所選取的功能會出現此功能所有指令，例如：將滑鼠游標移動到『轉換』功能表，則會出現『轉換』所有功能。

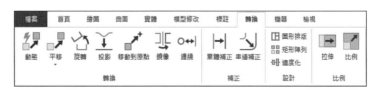

③ **繪圖區：**

圖形顯示的地方(如圖 1-2-2)。在左下角顯示 XYZ 座標軸的圖像。系統單位是公制時，右下角顯示公制字樣；英制時，則顯示英制。在剛進入 Mastercam 時，系統預設螢幕的水平方向是 X 軸，垂直方向是 Y 軸，Z 軸則對著使用者，座標軸圖像也只能看到 XY 軸。如果按下鍵盤上的[F9]鍵，可以看到座標原點(0,0,0)和 XY 軸線；在右下角有顯示一數字，這是比例尺，如果比例尺的數字是 25.418，表示數字二邊黑色垂直線之間距離是 25.418，以讓使用者參考比較圖形的大小。

▲ 圖 1-2-2

④ **抓點功具列：**

繪圖時可選擇手動抓點的模式或者是手動輸入 X、Y 和 Z 座標，以及選取方式如串連、窗選、實體選擇方式切換。

⑤ 互動式提示：

一些功能會使用內部提示；當選取一功能後，在繪圖區中會顯示一小文字框，這文字框會引導使用者執行必要的動作以完成這功能。例如，當從功能表上選取**[繪圖]→[直線]→[任意兩點畫直線]**，以下內部提示會出現：

指定第一個端點

當在繪圖區選取第一個端點之後，內部提示會顯示：

指定第二個端點

當選取第二個端點之後，內部提示會再顯示第一個提示，供使用者再產生其它直線，直到離開這功能

提示：

可以將內部提示拖拉到任何位置，隨後的提示都會出現在新位置。可以變更內部提示的大小；將滑鼠放在提示上，按一下右鍵，選取**[較小的]**、**[中等的]**或**[較大的]**。

⑥ 功能區：

刀具路徑管理員、實體、平面、層別、浮雕(選配)、最近使用功能管理員標籤顯示在操作管理員裡面，使用者可以在功能表上選取**[檢視]→[管理]**也可以用 Alt+O 來切換操作管理員顯示與否。關掉操作管理員可以讓繪圖區大一些，以顯示更多圖形。可切換刀具路徑、實體管理員、指令輸入、層別，最近使用功能視窗。

⑦ **狀態列：**

可動態顯示目前滑鼠所在的 X、Y、Z 座標、視角(觀看角度)、構圖面(工作繪圖平面)、曲面狀態(著色或線架構)等等。

`SECTION VIEW: OFF   SELECTED ENTITIES: 0   X: 164.75722   Y: -189.94801   Z: 0.00000   3D   構圖平面: 俯視圖   刀具平面: 俯視圖   WCS: 俯視圖`

⑧ **快速選擇圖素：**如直線、曲面、顏色、圖層…。

1-3 常用功能介面

● 屬性列：

顯示在[首頁]->[屬性]或者在繪圖區點選滑鼠右鍵，我們可用這功能來於改變目前的繪圖參數，如改變構圖面的 Z 軸深度、作圖層別、繪圖顏色、屬性、群組、構圖面和視角等。

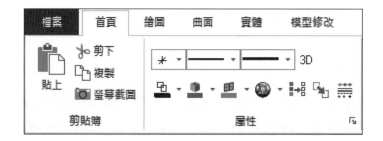

■ 設定系統顏色的方法：

系統顏色：線架構、曲面、實體三大圖素的顏色是可以分開設定的，直接使用滑鼠左鍵點選圖示旁的倒三角形，會出現調色盤供使用者選用顏色，選用後，該圖示下方會顯示剛剛所選取的顏色，由此當下，使用繪圖指令在行繪製出來的圖素，就會變更成此顏色，如下圖：

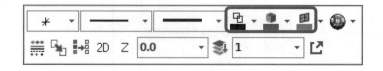

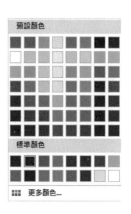

　　點選圖示旁的倒三角形系統會開啓一個『調色盤』
的視窗如下圖供使用者選取，只要使用者點選顏色後，
『目前的顏色』的欄位立即變成使用者點選的顏色。

■　更改已存在繪圖區上的圖素顏色：

　　滑鼠左鍵選取單個或多個欲更改顏色的圖素後，於繪圖區空白處按滑鼠右鍵
會出現功能表，移動滑鼠游標至欲更改的圖素種類上方，點選左鍵，選取欲修改
之顏色如下圖：

■　設定層別的方法：

　　請移動滑鼠游標到功能區點選層別：

　　系統會開啓一個『層別管理員』的視窗如下圖供使用者選取，只要使用者點
選在『編號』欄位輸入新的層別編號後，即完成層別的更改。

＋：新增層別。

🔍：可直接點選圖素知道其層別。

：將全部層別開啟。

：將全部層別關閉，但現行層別不會關閉。

號　碼：目前的層別。

可見的：可開啟或關閉層別。

名　稱：可為目前層別輸入註解。

■　更改圖素層別的方法：

滑鼠左鍵選取單個或多個欲更改圖層的圖素後，於繪圖區空白處按滑鼠右鍵會出現功能表，移動滑鼠游標至圖層圖示上方，點選左鍵，如下圖：

點選滑鼠左鍵後會出現『變更層別』的對話視窗，使用者可自行選取移動或複製，將使用目前層別前方的『打勾』取消後，可以自行輸入層別號碼，或點選『選取(S)』，直接選取要移動或複製的層別。『強制顯示』則可設定移動或複製後的圖層內所有的圖素要強制顯示於繪圖區上還是隱藏起來。

■　更改圖素全部屬性的方法：

滑鼠左鍵選取單個或多個欲同時更改顏色、線型、線寬、圖層的圖素後，於繪圖區空白處按滑鼠右鍵會出現功能表，移動滑鼠游標至『設定全部』圖示上方，點選左鍵，選取欲修改之屬性，如下圖：

　　左鍵點選『設定全部』後會出現『屬性』對話視窗，使用者即可依需求選取
要更改的屬性。

● 數字欄位上鎖功能

　　在對話視窗中的數字欄位只要有鎖頭的圖示，即可以上鎖，以避免這數值因
為游標在繪圖區移動造成數字改變。欄位中的數字保持不變，直到手動解除。當
需要反覆使用某固定值產生多個圖素時，可以將欄位上鎖。要將一欄位上鎖，先
在欄位中輸入數值，再點取欄位旁邊的鎖頭按鈕。要解除上鎖，只要再選取該按
鈕即可。如下圖所示：

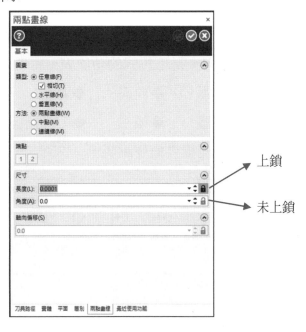

● 圖素的狀態

在 Mastercam 圖素有三種狀態：**活的、固定和幽靈**。

◆ 當產生一圖素時，還沒有按下[Enter]鍵或是選取[套用] 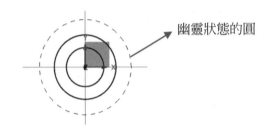 或[確定] 鈕 之前，圖素是處於**活的**狀態，以**淺藍色**顯示，表示這圖素還在建立當中，此時我們可以在對話窗中的選項編輯這圖素。

◆ 當圖素在活的狀態下，按下[Enter]鍵或是選取[套用]或[確定]鈕後，圖素即呈固定狀態。當在固定狀態時，必須使用[分析]、[編輯]和[轉換]等功能表的指令才能編輯這些圖素。

◆ 當要產生圖素動態移動滑鼠時，此時圖素以黑色虛線顯示(直線以黑色實線顯示)，稱作在幽靈狀態；當選取最後位置以產生圖素，這圖素則進入活的狀態。

幽靈狀態的圓

1-4　功能表

除了使用工具列和右鍵功能表，我們還可以使用**功能表**來選取指令；Mastercam 的功能表位於畫面上方，是下拉式的功能表。主要的功能表包括：

◆檔案　　◆首頁　　◆繪圖　　◆曲面　　◆實體　　　　◆模型修改
◆標註　　◆轉換　　◆機器　　◆檢視　　◆刀具路徑

這節將對每個功能表和其功能提供概要說明。

檔案功能表

使用[檔案]功能表可以開啓、編輯、列印和儲存檔案。

　　Mastercam 與其它 CAD/CAM 檔案格式之間具有完整密切的整合。只要以[開啓舊檔]功能，會將非 Mastercam 格式圖檔自動轉換爲 Mastercam 格式；當儲存圖檔時，可以將所有或部分圖素儲存爲指定格式圖檔，並且可以將文字說明和圖形影像連同圖檔一併儲存；也可以從指定資料夾一次匯入或匯出整個資料夾的圖檔。另外也可以將零件圖插入到目前圖檔。

首頁功能表：

首頁功能表提供剪貼簿、屬性、規劃、刪除、顯示、分析、增益集等功能。

剪貼簿：可對繪圖區的圖素作剪下、複製、貼上、刪除等動作。

屬性：可更改圖素的線型、線寬、顏色等屬性。

規劃：提供圖層規劃功能及設定構圖深度。

刪除：可刪除不必要的圖素、重複圖素、非關聯圖素以及恢復刪除的圖素。

顯示：提供圖素部分顯示、圖素隱藏、恢復隱藏、顯示圓心點、顯示端點等
　　　　功能。

分析：供查看、編輯圖素的屬性、分析刀具路徑，也可量測長度、面積、體積、檢查曲面或實體的品質等等。

增益集：提供 CHOOKS 功能以及命令查找功能。

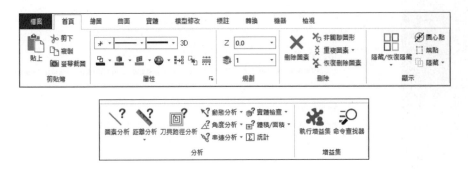

繪圖功能表：

這功能表供產生線架構圖素(點、直線、圓弧)、自由曲線(曲線繪製、修改 NURBS、轉成 NURBS、減少 NURBS 控制點)、形狀(產生矩形、多邊形、橢圓、螺旋線)、曲線(產生邊界線)、修改(連接圖素、修剪、打斷圖素、倒角、倒圓角)等。

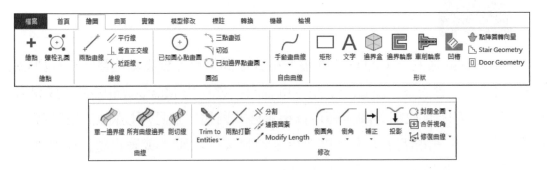

曲面功能表：

這功能表供產生基本曲面圖素、使用線架構建立曲面圖素、曲面圖素的修剪、分割、填補、修補、熔接、倒圓角等功能。

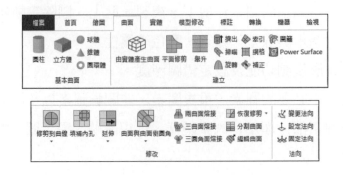

實體功能表：

這功能表供產生基本實體圖素、使用線架構建立實體圖素、布林運算、產生曲面、倒角、倒圓角、實體修剪、三視圖…等功能。

模型修改功能表：

這功能表供實體圖素建立孔-中心軸線、能不修改實體建構歷程的參數直接對編輯及修改實體特徵、簡化實體、修改實體面顏色…等等。

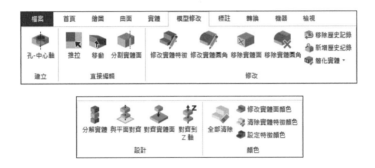

標註功能表：

這功能表供尺寸標註、註解…等功能。用以描述圖素的大小尺度與位置尺度及舉凡無法以視圖或尺度表達的資料。

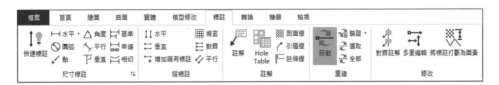

轉換功能表：

這功能表供對圖形作平移、旋轉、鏡射、補正、纏繞、投影、比例放縮等，另外也提供自動排版機能。

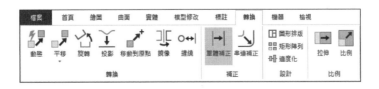

機器功能表：

在產生刀具路徑之前，必須先在機器型式功能表選取機器型式，根據選取的機器型式，系統會顯示其對應的刀具路徑功能表。而使用者能夠使用的機器型式視採購的模組而定，例如，只採購銑床機能，使用者就無法車床、木型雕刻、線切割、浮雕等機能。

檢視功能表：

這功能表供繪圖區縮放、切換螢幕視角、曲面實體外觀設定、刀具路徑進階顯示、管理器選用、座標軸線顯示、網格功能、視角分頁管理…等功能。

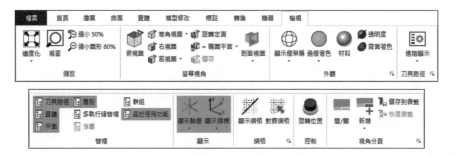

刀具路徑功能表：

根據**機器型式**的選擇，在**刀具路徑**功能會有不同的顯示，機器型式選取銑床時，顯示下圖所示：

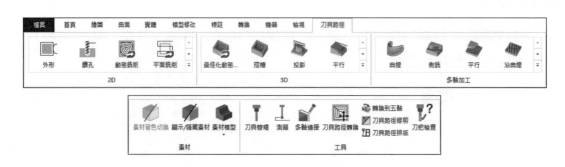

選取車床時，則顯示[車削]、[銑削]兩大功能表，[車削]如下圖所示。

<table>
<tr><td></td></tr>
</table>

1-5　檔案的存取

Mastercam2020 的檔案存取或管理是由功能表上的**檔案**功能來控制，在功能表上選取**[檔案]**進入檔案功能表。

1. **訊息：**可設定項目管理、變更辨識、追蹤變更、自動儲存、修復檔案等等。

2. **新增：**選取這選項後，如果繪圖區已有圖素，系統會再出現一詢問訊息，詢問是否要儲存目前圖檔。選取[是]的話，進入存檔對話窗；選[否]，則直接開啓一空白圖檔。

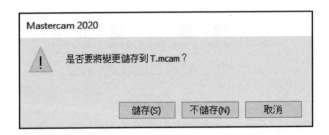

3. **開啓：**開啓舊圖檔，其對話窗如下圖所示。2020 教育版圖檔的副檔名是 EMCAM，商業版的副檔名是 MCAM。

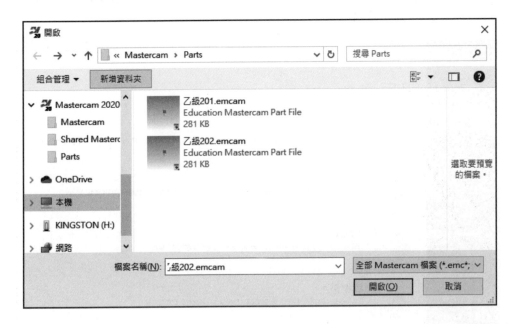

檔案型式要特別注意，要看取檔的檔案是那一種格式的，例如 MASTERCAM X 系列的就要選擇 MASTERCAM X 檔案。建議先到**檔案型式**選取要讀取的檔案型式，再到指定的資料夾選取圖檔，或者直接選擇所有檔案(*.*)。

4. **開啓編輯器**：這功能供編輯文字檔類型的檔案，如 NC 程式、DOC 文件檔、IGES 檔或後處理等等。

使用者可以選取[編輯器]鈕，選取編輯器，Mastercam 提供至少三種編輯器供使用。

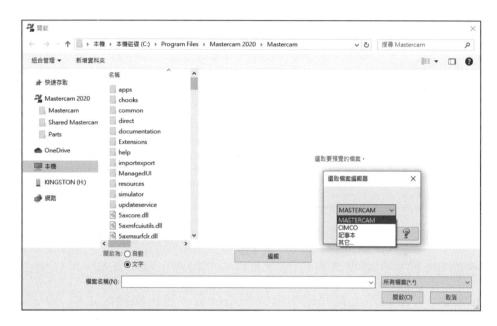

5. **合併**：供將一圖檔插入到目前圖檔中，亦可作為新舊圖差異比對用途。

6. **儲存**：如果目前圖檔尚未命名，系統會自動開啓**另存新檔**對話窗供命名存檔。如已命名，自動以目前檔名儲存。

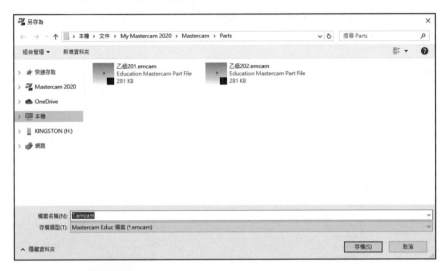

7. **另存爲**：開啓**另存新檔**對話窗(如上圖)供以新名稱存檔。

8. **部份儲存**：如果想要只將目前圖檔中的一部份圖形儲存起來，可以用這功能。

9. **Zip2GO**：可將設定上有問題的檔案完整打包，包含機器設定檔、後處理等設置完全備份提供給原廠工程師協助處理。

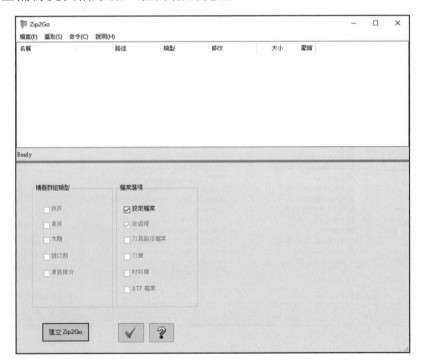

10. **轉換**：遷移精靈可將舊版軟體檔案轉換到新版軟體使用、匯入資料夾可將檔案從資料夾複製到另一個資料夾、匯出資料夾可將 MasterCAM 格式檔案轉換為支援 CAD 格式檔案。

11. **列印**：供以印表機出圖時，設定紙張大小、列印比例、線寬設定、直印或橫印及**預覽列印**等。

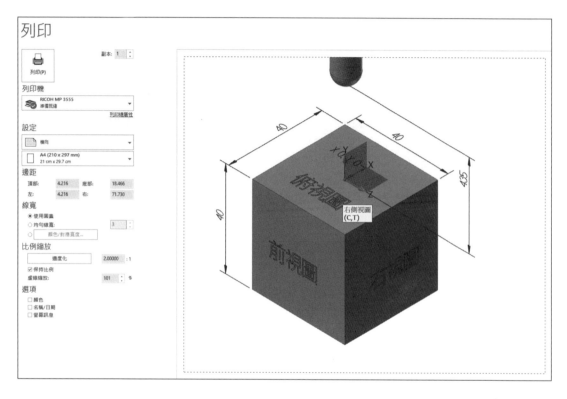

12. **說明**：可查看新功能介紹、偵測更新、網路授權等資料。

13. **社群**：提供 MasterCAM 原廠網頁鏈結、相關社群論壇、知識庫、客戶反饋程式及客戶滿意度調查。

14. **設定**：可設定 CAD 圖素相關屬性、公差、加工報表、標註形式、系統顏色、預設機器及預設後處理…等。

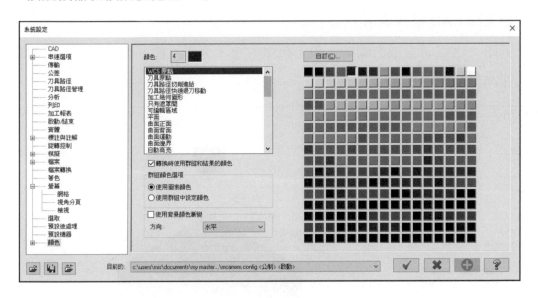

15. **選項**：供設定快速存取工具列、自定功能區、滑鼠右鍵選單…等。

1-6　快速功能鍵

　　Mastercam 提供一些快速功能鍵，供使用者更有效率的操作 Mastercam，筆者在常用的功能鍵右邊有註記，這些常用的功能鍵請務必熟記。

▼ 表 1-1

按鍵	說明	按鍵	說明
ESC 鍵	中斷命令	Alt+F1	螢幕適度化
F1	局部放大	Alt+F2	圖面縮小 0.8 倍
F2	圖面縮小 0.5 倍	Alt+F4	關閉系統
F3	螢幕重繪	Alt+F8	系統設定
F4	分析功能	Alt+O	切換刀具操作管理員
F5	刪除功能	Alt+S	曲面快速著色
F9	座標軸顯示	Alt+X	依圖素設定繪圖屬性
Alt+1	上視圖	Alt+Z	層別管理員
Alt+2	前視圖	Page Up/Page Down	畫面動態縮放
Alt+5	右視圖	Alt+方向鍵	畫面動態旋轉
Alt+7	等角視圖	Ctrl+A	全選
Alt+A	自動儲存設定	Ctrl+C	複製
Alt+C	C-HOOKS	Ctrl+V	貼上
Alt+D	尺寸標註設定	Ctrl+Y	重作
Alt+E	部份圖素顯示	Ctrl+Z	復原
Alt+G	設定螢幕網格		

常用快捷鍵介紹

02

座標輸入

學習目標

1. 自動抓點的特性

2. 抓點的方式

3. 座標值的輸入法

2-1 座標點輸入的方法

在 Mastercam 中工作時常會被提示輸入點位置。使用者可以用游標的**自動抓點**功能或是以**抓點方式功能表**來選取點座標位置。

2-2 自動抓點

當內部提示要求輸入一點時，**自動抓點**功能可讓使用者以滑鼠在圖素上直接選取一特徵點(不需經由抓點方式功能表)。只要將滑鼠的十字指標放在圖素的特徵位置上，會在特徵點上出現一特徵點符號，此時按下滑鼠左鍵，即可抓取到這一點位置，不需經由抓點功能表的操作，使工作更有效率。

圖素上的特徵位置有以下幾種：

1. **系統座標原點(X0,Y0,Z0)：**

    Mastercam 可以讓使用者以游標直接在螢幕上抓取系統原點座標，不必再以手動方式輸入(0,0,0)，(按下[F9]會顯示原點位置)，當游標移到原點位置時，游標會顯示米狀符號。

2. **圓心點：**

    當要選取圓弧的圓心點時，把游標放在圓弧中心上，在圓心位置會出現如上圖符號，而且這圓心的圓弧圖素也會反白，這時只要按下滑鼠左鍵就可選取到圓心點。

3. **端點：**

    將滑鼠置於圖素的端點上，游標旁出現如上圖符號時，按下滑鼠左鍵即可選取到這圖素的端點；除了存在點和註解文字外，Mastercam 所有圖素都有端點，即使是全圓也有端點(在圓心的 3 點鐘方向)。

4.　交點：

交點是兩線架構圖素(如直線、圓弧、曲線)確實相交的位置。將滑鼠置於二圖素間的交點上，游標旁出現如上圖符號時，按下滑鼠左鍵即可選取到交點。

5.　中點：

中點是線架構圖素(直線、圓弧、曲面)長度一半的位置。將滑鼠置於圖素的中點上，游標旁出現如上圖符號時，按下滑鼠左鍵即可選取到這圖素的中點；

6.　存在點：

存在點是 Mastercam 的點的圖素，稱之為**存在點**。以**[繪圖]->[點]**功能可以產生"存在點"圖素。它在圖面上預設以十字表示。

7.　四等分位：

幾何概念四等分位是圓弧 0 度、90 度、180 度、270 度的位置。由於全圓的端點在圓心的 3 點鐘方向(0 度位置)，所以游標在全圓 0 度位置時，抓取的位置可能是圓的端點，游標在全圓 180 度位置時，抓取的位置是圓的中點。

8.　相切點：

畫直線或圓弧時可選取與某直線或圓弧、曲線相切位置，以產生切線或切弧。

9.　最近點：

可選取與某圖素最短距離的點位置，以產生連近距線

10.　垂直 / 水平：

可選取與第 1 點呈垂直或水平的位置，以產生垂直線或水平線。

11. **垂直正交：**

⊥ 垂直正交

可選取與某圖素相垂直的位置，以產生法線。

12. **臨時中點：**

將游標移動到繪圖區上任兩點位置稍作停留，會先後在第一點和第二點的位置處出現綠色十字點，兩個綠色十字點出現後，兩點最短距離的中間會出現一個紅色的十字點。

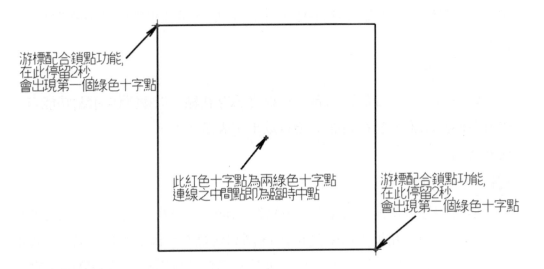

游標配合鎖點功能，在此停留2秒會出現第一個綠色十字點

此紅色十字點為兩綠色十字點連線之中間點即為臨時中點

游標配合鎖點功能，在此停留2秒會出現第二個綠色十字點

自動抓點特徵點的優先順序

在擁擠的圖形中，在游標附近可能有很多特徵點，自動抓點會依下列順序抓取點位置：

- 存在點
- 端點
- 中點
- 圓弧的四等分位點
- 圓心點
- 交點

　　游標移到繪圖區上方，按一下滑鼠右鍵，系統就會顯示含有自動抓點功能的右鍵功能表。點取齒輪，進入[自動抓點設定]對話窗，這裡可以設定要自動抓點的特徵點。

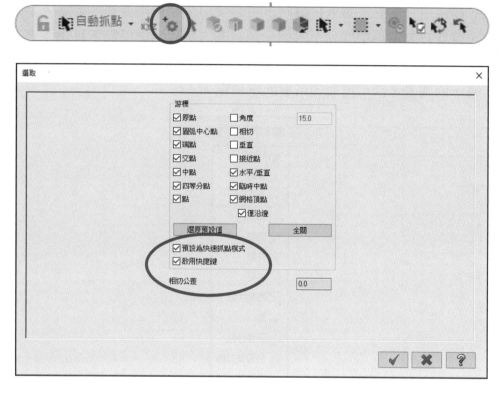

　　[預設到第一點模式]：假如這個鍵沒有打勾的話必須按空白鍵才可以輸入座標，如果這個鍵有打勾，不用按空白鍵，按下 XYZ 任一個字母就可直接輸入座標。

　　[啓用快速鍵]：假如這個鍵沒有打勾的話，要選擇圖素的話還要進入手動抓點選取位置，如果有打勾的話可直接輸入熱鍵找出圓心點和端點了。

2-3　手動抓點

　　Mastercam 需要使用者輸入一點位置時，如果圖素之間不相交，或者圖素眾多擁擠，無法用自動抓點選取位置時，可以使用手動抓點方式。要進入手動抓點功能表，選取自動游標帶狀列上的倒三角箭頭，出現手動抓點下拉功能表。這功能表供使用者先指定要抓取點座標的種類(原點、圓心點、端點、交點等等)，再選取螢幕上的圖素，即可選取到所要的座標點。

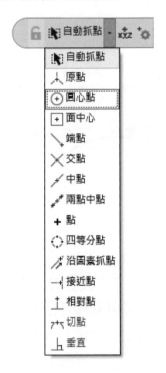

1.　**圓心點**：供抓取一圓弧的圓心點。

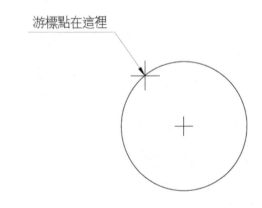

2. **端點**：選取一圖素靠近游標一端的端點。如果選取的是曲面，系統會抓取選取曲面時最靠近十字游標的角落，但是如果選取的曲面是被修剪的曲面而且這修剪曲面的邊界不是在於其未修剪曲面(副曲面)的邊界上，那麼所抓取的點可能不會位於修剪曲面上。

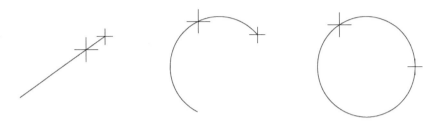

3. **交點**：抓取在最近構圖面上被選取的二個線架構圖素(線、圓弧、曲線)的相交點。在實際作圖時二個圖素可能不只在一處相交；在這種情形下，游標選取圖素時請靠近想要抓取的相交處，才不致產生不想要的結果。當直線或圓弧之間實際上並未相交，但系統會計算出理論的相交點；但這特性並不適用於曲線。如果選取的圖素之間不可能有相交點時，系統會在螢幕上顯示提示訊息來提醒。

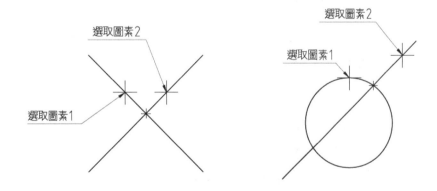

4. **中點**：供抓取線、圓弧或 Spline 曲線等圖素的中間點。中點位於圖素長度一半的位置。

5.　**存在點**：供抓取螢幕上的存在點。

6.　**相對點**：這選項供以相對於已知位置的方式來輸入點位置。一旦選取一已知點時，即使用指標定義相對位置，區分輸入相對座標值、旋轉角度、座標軸線偏移。

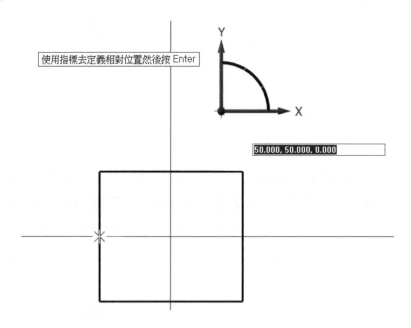

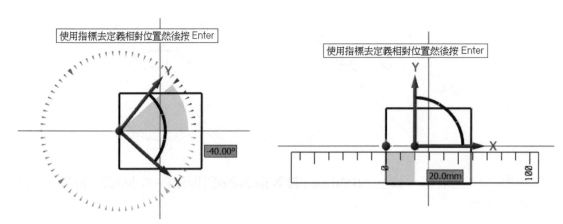

7.　**四等分位**：供抓取圓弧在 90 度及 270 度位置的點座標。

2-4　範例一

以下圖為例，用輸入座標值畫直線的方式，將外形畫出來。

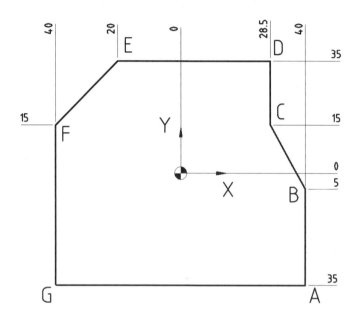

每條直線的端點座標先整理如下：

A：X40,Y-35	B：X40,Y-5	C：X28.5,Y15
D：X28.5,Y35	E：X-20,Y35	F：X-40,Y15
G：X-40,Y-35		

操作步驟

教學影片

 步驟 1　**開啓新圖檔**

在主功能能選取**[檔案]→[新增]**，以開啓新圖檔。

步驟 2　**工能表上的[繪圖]→[繪線]→[二點畫線]→[連續線]方式繪製外形**

1. 按下鍵盤上的**[F9]**，顯示原點座標位置。

2. 在功能表區上選取[繪圖]→[繪線]→[兩點畫線]　　　。

3. 在對話視窗圖素方法選取連續線。(如下圖)

在如下圖中選取**輸入座標點**輸入第一個座標(X40,Y-35)後,按下[Enter]鍵。系統會抓到第一個座標。

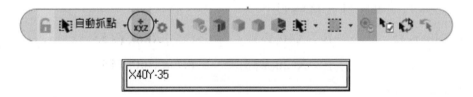

X40Y-35

註：在輸入法英數模式下,亦可按下鍵盤空白鍵取代。

4. 接著按一下空白鍵,在空白欄輸入輸入第二個座標(X40,Y-5),按下[Enter]鍵,在繪圖區產生一條直線。

5. 按一下空白鍵,在空白欄輸入輸入 28.5,15。

6. 按一下空白鍵,在空白欄輸入 Y35,不用輸入 X 軸座標,系統會記憶上次的 X 軸座標。

7. 按一下空白鍵,在空白欄輸入 X-20。

8. 按一下空白鍵,在空白欄輸入 -40,15。

9. 按一下空白鍵,在空白欄輸入 Y-35。

10. 按一下空白鍵，在空白欄輸入 X40。

11. 按下鍵盤上的[Esc]鍵或是選取對話視窗右上角的確定鈕結束畫直線的指令。

圖解範例

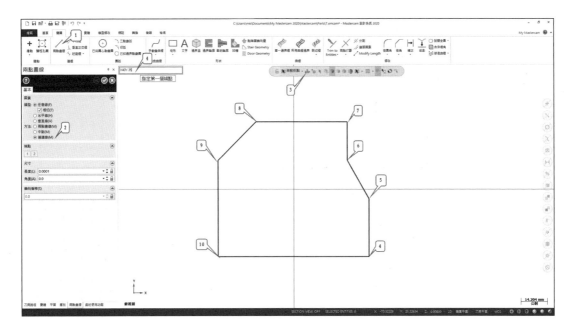

1.	建立任意兩點畫線	6.	輸入座標 X28.5Y15
2.	選擇連續線	7.	輸入座標 Y35
3.	輸入座標點	8.	輸入座標 X-20
4.	輸入座標 X40Y-35	9.	輸入座標 X-40Y15
5.	輸入座標 Y-5	10.	輸入座標 Y-35

2-5 習題

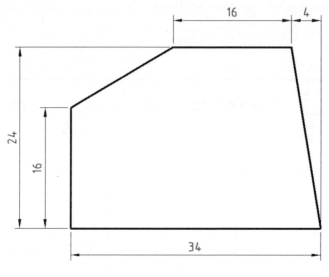

▲ 圖 2-5-1

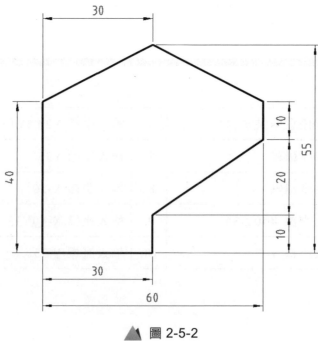

▲ 圖 2-5-2

03

繪圖(一)

學習目標

1.　了解直線和圓弧的種類

2.　切線、切弧的使用方法

3.　導圓角的設定和使用

3-1   繪圖功能表(一)

在功能表上選取[繪圖]後,功能表上出現繪圖功能表內容如下。

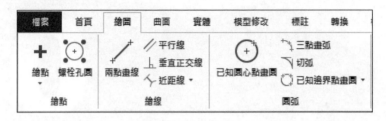

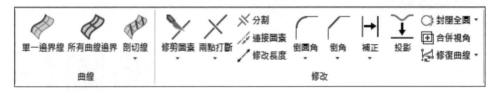

內容簡要說明如下:

1. **繪點**:供畫存在點。在這裡"**點**"是一種圖素,它不是指端點、圓心點或中點,而是記錄一個座標位置的圖素,它又稱為存在點。

2. **繪線**:繪製直線。

3. **圓弧**:繪製圓弧。

4. **自由曲線**:繪製 Nurbs 或參數式曲線。

5. **形狀**:繪製多類型的矩形、多邊形、橢圓、螺旋線、建立文字、邊界盒。

6. **修改**:圖素修剪、倒圓角、倒角、補正、投影

3-2 例題一

練習重點

繪圓(極座標圓)繪極座標線(水平線及垂直線)倒圓角修剪延伸-兩個物體

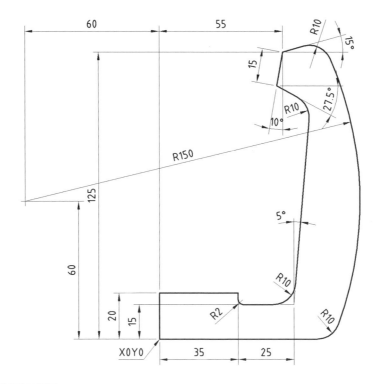

操作步驟

教學影片

步驟 1 開啓新檔

1. 選取[檔案]→[新增]，如果繪圖區已有圖素，系統會詢問是否確定要儲存？

Mastercam 2020

⚠ 是否要將變更儲存到 T.emcam？

[儲存(S)] [不儲存(N)] [取消]

2. 選取[儲存(S)]鈕,如果您的畫面中有圖,請於先存檔,選取[不儲存(N)]的話則不存檔。

3. 按鍵盤上的[F9]顯示繪圖區的原點位置。

步驟 2 畫垂直線

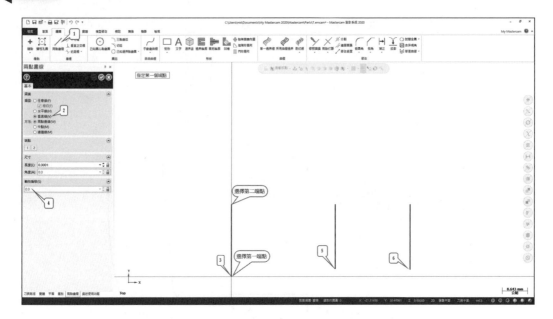

1.	建立兩點畫線
2.	選擇垂直線
3.	選擇第一端點、選擇第二端點
4.	輸入軸向偏移 0
5.	選擇第一端點、選擇第二端點輸入軸向偏移 35
6.	選擇第一端點、選擇第二端點輸入軸向偏移 60

步驟 3　畫水平線

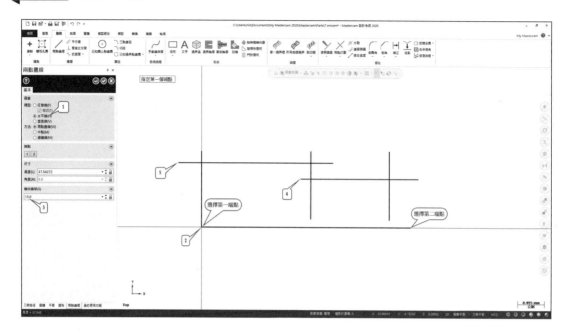

1.	選擇水平線
2.	選擇第一端點、選擇第二端點
3.	輸入軸向偏移 0
4.	選擇第一端點、選擇第二端點輸入軸向偏移 15
5.	選擇第一端點、選擇第二端點輸入軸向偏移 20

步驟 4　畫極座標線

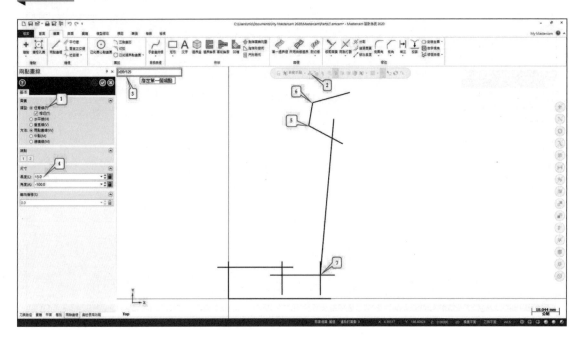

1.	選擇任意線
2.	選擇輸入座標點(或按壓空白鍵)
3.	輸入座標 X55Y125
4.	輸入長度 15 角度−100
5.	選擇第一端點輸入長度 25 角度−27.5
6.	選擇第一端點輸入長度 25 角度 15
7.	選擇第一端點輸入長度 100 角度 85

步驟 5　畫圓弧

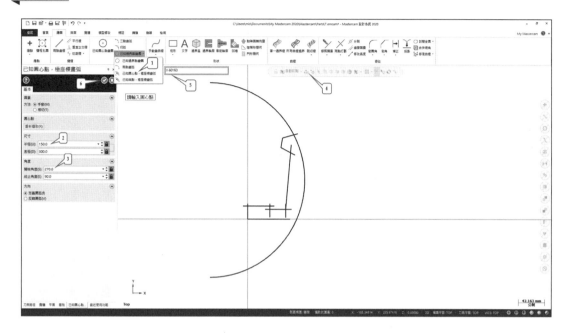

1.	選擇已知圓心極座標畫弧
2.	輸入半徑 150
3.	輸入起始角度 270 輸入終止角度 90
4.	選擇輸入座標點(或按壓空白鍵)
5.	輸入圓心座標 X-60Y60
6.	按確定鍵

步驟6 倒圓角

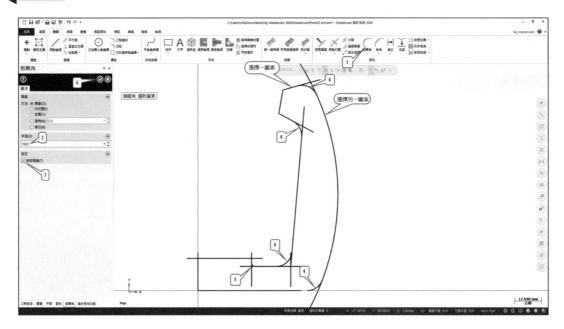

1.	選擇倒圓角
2.	輸入倒角半徑 10
3.	選擇修剪
4.	選擇圖素一另選擇圖素二(R10 圓角一併)
5.	輸入半徑 2 倒圓角
6.	按確定鍵

步驟 7　　修剪及刪除

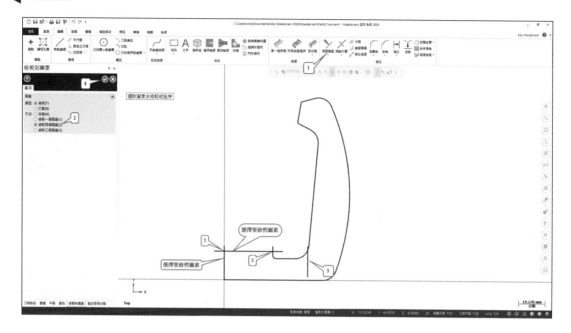

1.	選擇修剪圖素
2.	選擇修剪兩個圖素
3.	選擇修剪圖素一及圖素二
4.	按確定鍵
5.	按 F5 或 Delete 選擇刪除圖素

步驟 8　按 Alt+F1 圖形適度化

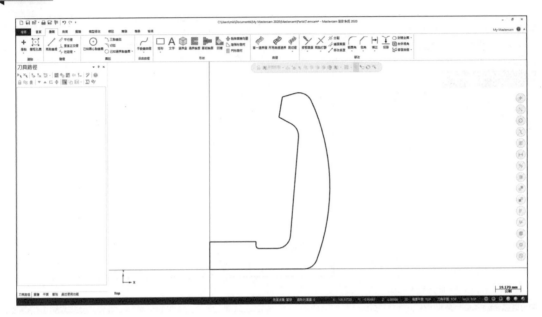

3-3　例題二

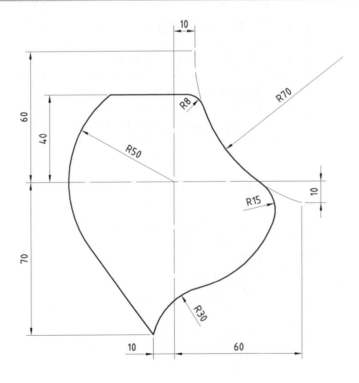

教學影片

操作步驟

步驟 1　開啟新檔

1.　選取[檔案]→[新增]，如果繪圖區已有圖素，系統會詢問是否確定要儲存。

2.　選取[儲存(S)]鈕，如果您的畫面中有圖，請於先存檔，選取[不儲存(N)]的話則不存檔。

3.　按鍵盤上的[F9]開啟座標原點顯示。

步驟 2　繪圓及水平線

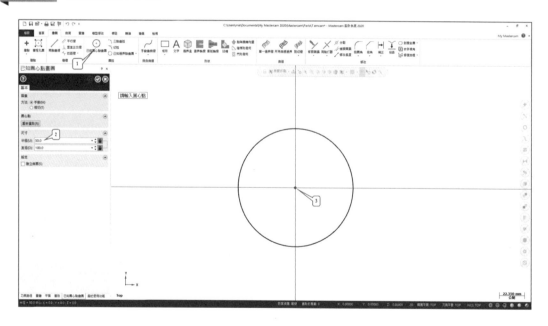

1.	選擇建立已知圓心畫圓
2.	輸入半徑 50
3.	點選原點

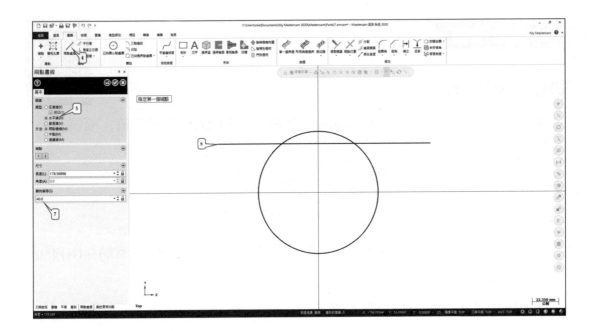

4.	選擇兩點畫線
5.	選擇水平線
6.	選擇第一端點、選擇第二端點
7.	輸入軸向偏移 40

步驟 3　兩點畫弧

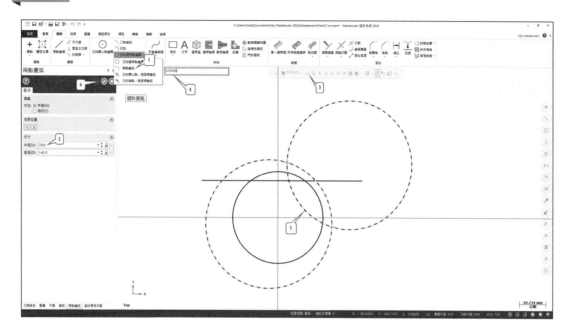

1.	選擇建立兩點畫弧
2.	輸入半徑 70
3.	點選輸入座標點(或按壓空白鍵)
4.	輸入第一點座標 X10Y60，第二點座標 X60Y-10
5.	選擇保留圓弧邊
6.	按確定鍵

步驟 4　畫相切線

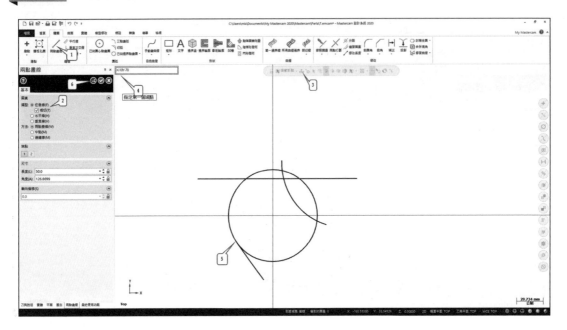

1.	選擇兩點畫線
2.	選取任意線並勾選相切
3.	點選輸入座標點(或按壓空白鍵)
4.	輸入第一點座標 X-10Y-70
5.	點選圓弧相切圖素
6.	按確定鍵

步驟5 畫相切弧

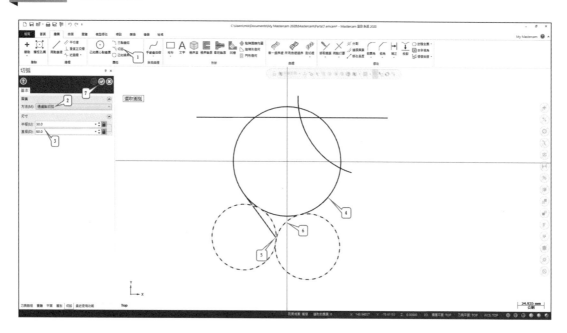

1.	選擇建立切弧
2.	點選通過點切弧
3.	輸入半徑 30
4.	點選圓弧圖素
5.	點選直線端點
6.	選擇保留圓弧邊
7.	按確定鍵

步驟 6　倒圓角

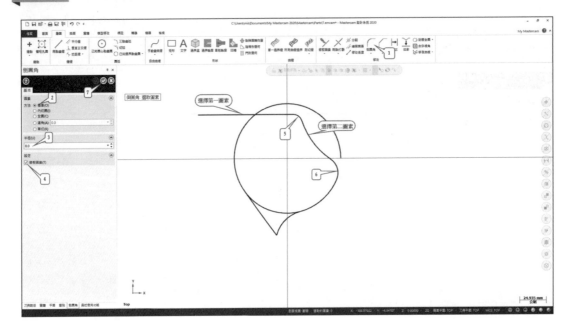

1.	選擇倒圓角
2.	選取標準
3.	輸入倒角半徑 8
4.	勾選修剪圖素
5.	選擇圖素一另選擇圖素二
6.	輸入半徑 15 倒圓角
7.	按確定鍵

步驟 7　修剪

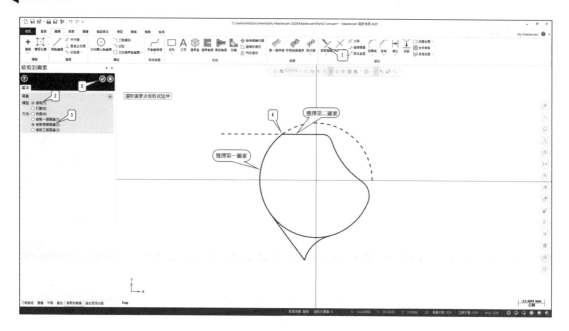

1.	選擇修剪圖素
2.	選擇修剪
3.	選擇修剪兩個圖素
4.	選擇修剪圖素一及圖素二
5.	按確定鍵

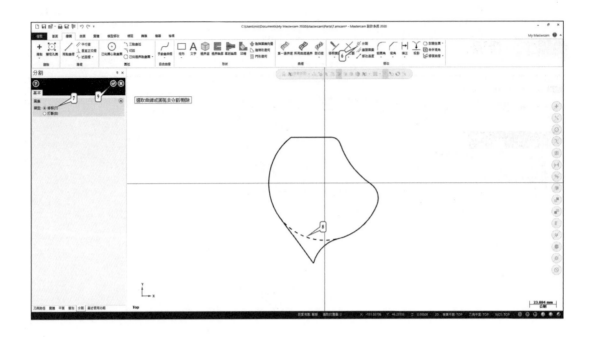

6.	選擇分割
7.	選擇修剪
8.	選擇修剪圖素
9.	按確定鍵

步驟 8 按 Alt+F1 圖形適度化

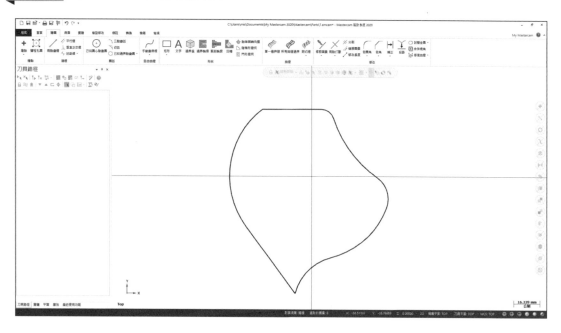

3-4 習題

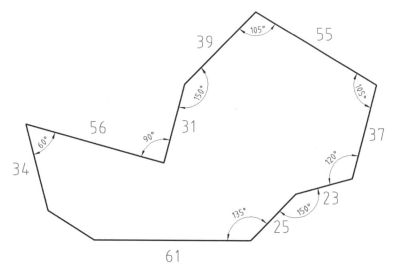

▲ 圖 3-4-1

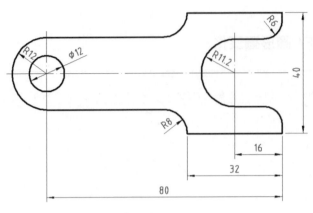

▲ 圖 3-4-2

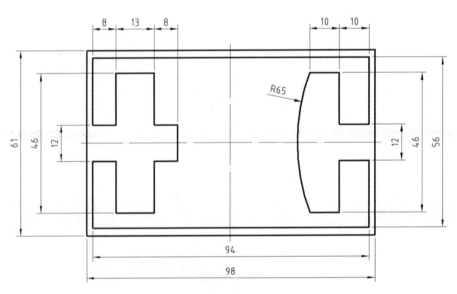

▲ 圖 3-4-3

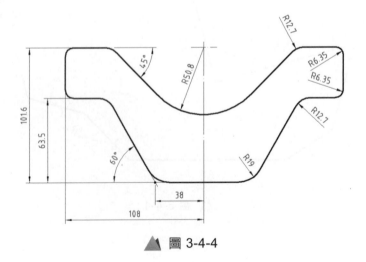

▲ 圖 3-4-4

04

繪圖(二)

本章摘要

學習目標

1. 了解畫矩形、多邊形和橢圓的參數和方法

2. 了解文字字體的種類和特性

4-1 繪圖功能表(二)

本章繼續介紹 2D 繪圖功能,要介紹的功能有:

1. **矩形**:可快速畫矩形、鍵槽或橢圓形等。在 4-2 節介紹
2. **倒角**:對 2D 線架構圖素倒角。在 4-3 節介紹。
3. **文字**:Mastercam 提供各種字體供使用者畫文字。將 4-4 節介紹。
4. **合併**:合併圖檔。在 4-6 節介紹。
5. **橢圓**:畫橢圓。在 4-7 節介紹。
6. **多邊形**:畫多邊形。在 4-8 節介紹。

4-2 畫矩形

除了以畫垂直線和水平線經過修整,可以產生矩形之外。Mastercam 畫矩形的功能可以讓使用者更快速的畫出多樣式的矩形。在功能表上選取[繪圖]→[形狀]→[矩形的形狀](如圖 4-2-1),進入畫矩形功能表(如圖 4-2-2),這裡面的功能說明如下:

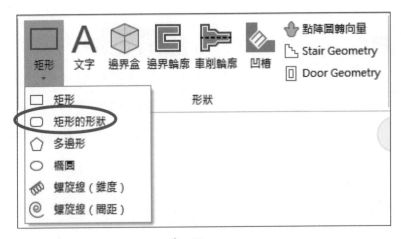

▲ 圖 4-2-1

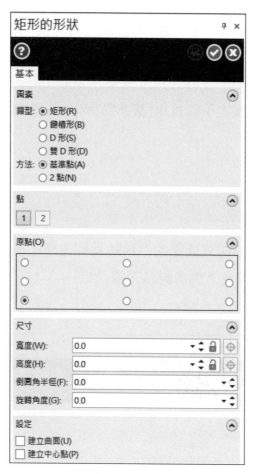

▲ 圖 4-2-2

1.　**基準點**：以輸入一點位置來放置矩形，至於矩形的大小會由一對話窗中輸入。選取[一點]這功能後，螢幕上出現一對話窗(如圖 4-2-2)，內容有寬度、高度和點的位置。寬度是指矩形 X 軸方向的長度；高度是 Y 軸方向長度；至於點的位置是指矩形的基準點，它有 9 個位置供使用者使用(預設是在矩形左下角，如圖 4-2-2)，例如基準點在矩形中心的話，選取[確認]鍵，系統會要求為使用者輸入矩形中心在繪圖區的位置，以決定矩形放的位置。

2.　**2 點**：在繪圖區選取二個對角位置以決定矩形位置和大小。選取[2 點]功能後，提示區要求輸入矩形的左下角位置；輸入左下角位置後，出現一白色的矩形拖拉框而且提示區也會即時的顯示拖拉框的寬度和高度供參考，將拖拉框的右上角拉到適當位置後，按下滑鼠左鍵以輸入右上角位置，完成矩形的繪製。

3.　**類型**：設定矩形的有關參數。選取[選項]這功能後，出現"矩形之選項"對話窗
(如圖 4-2-2)，供使用者設定即將產生的矩形型式、是否要倒圓角、是否要貼
上曲面、是否要將矩形旋轉一角度或是在矩形中心產生存在點等。將這視窗
中的參數設定好之後，不管是用[基準點]或[2 點]來畫矩形，都會以這對話視
窗的設定來產生。

4-3　倒角

　　倒角這功能只能對直線或圓弧這二種線性圖素產生倒角。在功能表上選取[繪
圖]→[修改]→[倒角]即可進入**倒角對話視窗**(如圖 4-3-1)

　　　內容說明如下：

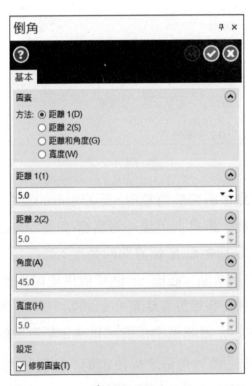

▲ 圖 4-3-1

倒角方式有四種：**單一距離、不同距離和距離／角度**。說明如下：

1. **單一距離**：倒角的二邊距離以相同尺寸產生倒角。所以在對話窗中會只有**距離 1** 欄位可供輸入倒角距離。

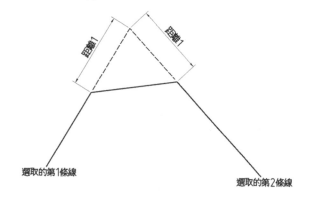

2. **不同距離**：倒角的二邊距離可以不同尺寸產生倒角。在對話窗中**距離 1** 和**距離 2** 欄位可以輸入倒角距離。

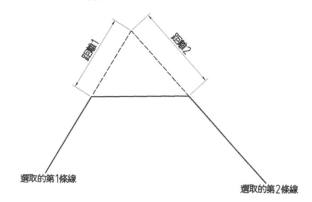

3. **距離／角度**：以輸入距離和角度方式產生倒角。倒角方式選取"距離／角度"時，對話窗顯示。

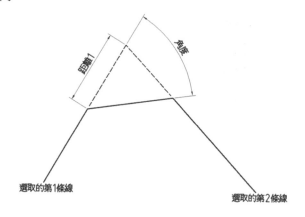

4.　**寬度**：以輸入距離式產生倒角。倒角方式選取倒角的二邊距離，對話窗顯示。

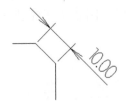

　　串連選取的檢查方塊有打勾時，倒角視窗設定好後(選取[完成]鈕)，主功能表顯示串連功能表供使用者以串連方式選取圖素，以一次完成多個倒角。

　　不過使用串連導角時，只可以使用單一距離和寬度二種參數。

　　修整圖素的檢查方塊有打勾時，會將被選取的圖素修剪。

4-4　畫文字

　　要在繪圖區書寫文字，選取功能表的[繪圖]→[形狀]→[文字]選項，Mastercam 開啟"建立文字"對話視窗(如圖 4-4-1)，裡面分為三部分：**字型、文字、基準點、尺寸、對齊**。內容說明如下：

▲ 圖 4-4-1

1.　**字型**：要產生文字之前必須先決定用那一種字型，Mastercam 提供三種來源的字體：MasterCAM 字體(Mastercam 以圖檔形式儲存的字體)、**標註字體**(尺寸標註時使用的字體)、**眞實字體**(Windows 系統安裝的字體)。

每一種來源字體也區分了許多字型，每種字型名稱和文字的形狀請參閱圖 4-4-2。由於 MasterCAM 字體和標註字體是 Mastercam 內建的，所以這兩種來源的字體不能繪出中文字，只有眞實字型才可以。

要變更字體，用滑鼠點一下倒三角形，視窗列出所有的字型名稱(如圖 4-4-3)，請在其中選取一種字型。如果要使用 Windows 系統所安裝的字體，選取視窗中的[眞實字體]鈕，在 Windows 的"字型"對話窗(如圖 4-4-4)選取所要的字型。

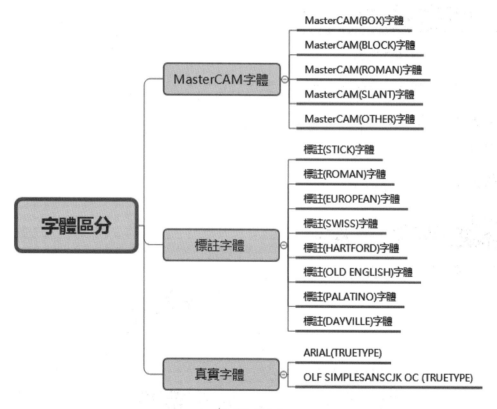

▲ 圖 4-4-2

註：除了 MasterCAM 的 BOX 字型、尺寸標註的 STICK 字型和 OLF SIMPLESANSCJK OC(TRUETYPE)是單線體，其餘的字型都是空心字。

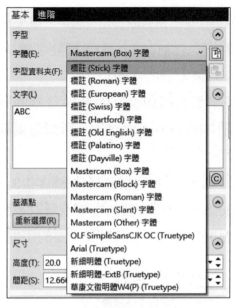

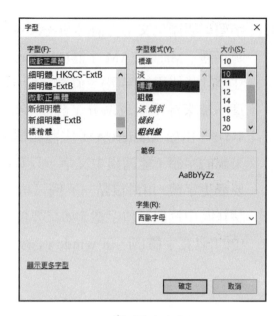

圖 4-4-3　　　　　　　　　　　　　　圖 4-4-4

2. **文字**：想產生的文字請在欄位中輸入。

3. **基準點**：設定文字插入繪圖區的地位點。

4. **尺寸**：設定文字的高度、文字間距。

5. **對齊**：設定排列方式。

4-5　範例一(繪製加工圖)

以下範例將產生如圖形：

操作步驟

步驟 1　開啟一張新圖

選取[檔案]頁籤，[新增]，開啟新的檔案。

步驟 2　繪製圓

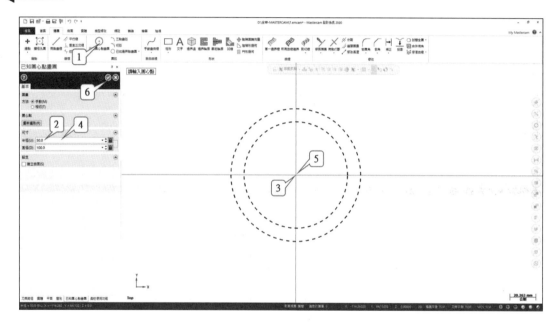

1.	選擇建立已知圓心畫圓
2.	輸入半徑 50
3.	點選原點，並按 enter
4.	輸入半徑 40
5.	點選原點，並按 enter
6.	點選確認

步驟 3　輸入文字

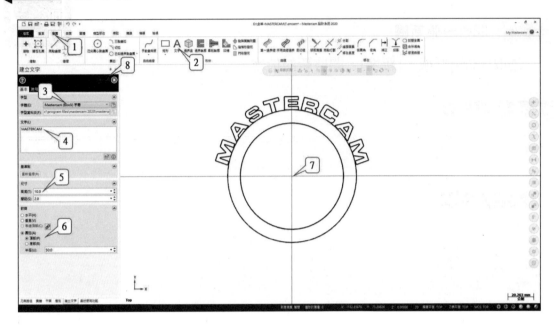

1.	選擇繪圖
2.	選擇文字
3.	選擇字型 Mastercam(Block)字體
4.	輸入文字 MASTERCAM
5.	輸入高度 10 間距 2
6.	選擇圓弧頂部半徑 50
7.	點圓心位置
8.	選擇確認

步驟 4　在 R40 圓弧下方產生 MASTERCAM 字樣

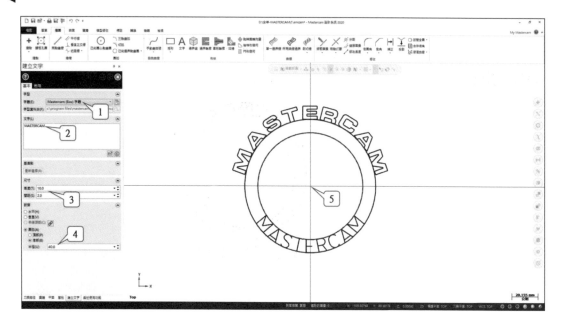

1.	選擇字型 Mastercam(Box)字體
2.	輸入高度 10 間距 2
3.	選擇圓弧底部半徑 40
4.	點圓心位置
5.	選擇確認

步驟 5 以尺寸標註的 STICK 字型產生 MASTERCAM 字樣

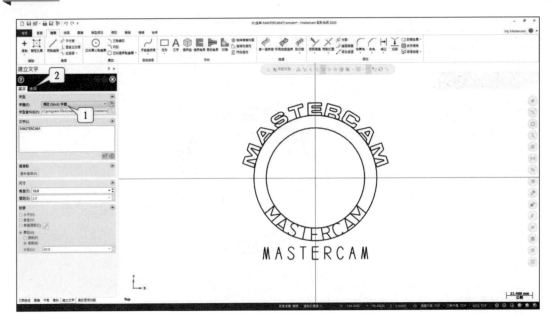

1.	選擇字型標註(Stick)字體
2.	點選進階

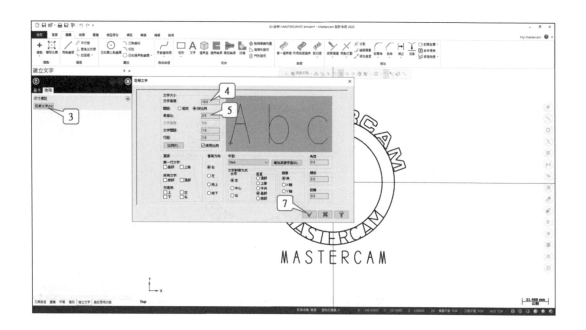

3.	點選註解文字
4.	輸入文字高度 10
5.	長寬比 0.5
6.	文字間距 1
7.	按確定鍵

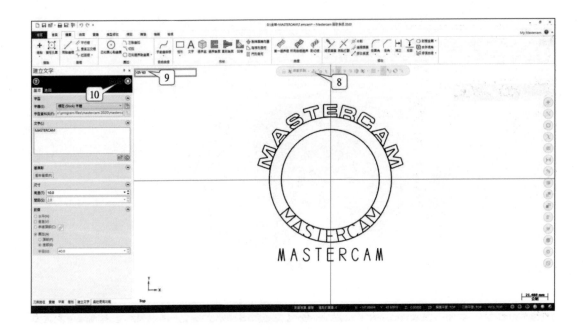

8.	點選輸入座標點
9.	輸入座標 X-42Y-65
10.	點選確認

步驟 6　產生中文字

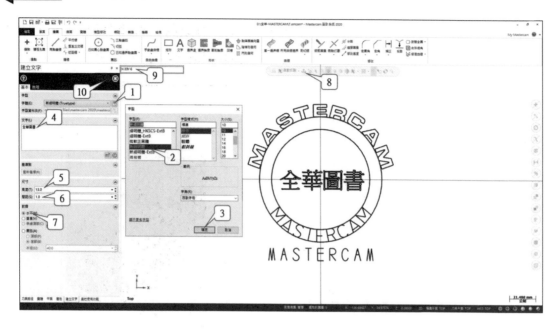

1.	點選 Truetype	6.	輸入字距 1
2.	點選新細明體	7.	點選水平
3.	按確定	8.	點選輸入座標點
4.	輸入文字(全華圖書)	9.	輸入座標 X-33Y-6
5.	輸入高度 13	10.	按確定

4-6　合併圖檔

　　合併這功能和 AutoCAD 的插入區塊有些類似，可以將一些零件圖插入目前圖檔；在[檔案]→[合併]即進入開啟檔案的對話視窗(如圖 4-6-1)，說明如下：

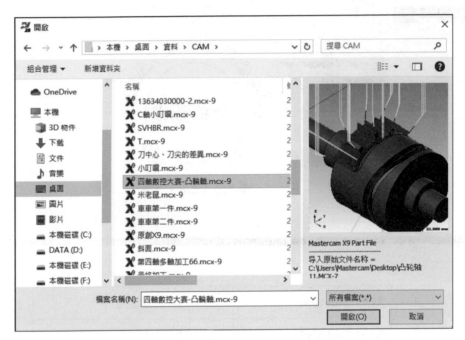

▲ 圖 4-6-1

1.　**檔案名稱**：合併的檔名只要是 Mastercam 可以開啓的圖檔都可以合併，即使是舊圖檔，不論版次(GE3、MC7、MC8、MC9、MCX、MCX-9)也都可以插入目前圖檔。

2.　**參數**：在合併模型對話視窗中中有幾個參數供使用者對合併圖檔選取、對齊、動態、鏡像、比例等處理。說明如下：

(1)　**選取**：重新選取模型插入位置。

(2)　**對齊**：可以選取欲移動的實體模型的某個實體面，對齊既有圖檔的模型實體面。

(3)　**動態**：啓用轉換裡面的動態移動功能，將所選的模型或圖素移動到欲插入的位置，期間可配合座標軸來旋轉、定位。

(4) **鏡像**：啟用轉換裡面的鏡像功能，將所選的圖形對指定軸作鏡射。指定軸可指定 X、Y 或 Z 軸，三選一。

(5) **比例**：啟用轉換裡面的比例功能，將所選的圖形作縮小放大。

(6) **層別**：

合併檔案層別：維持原本的圖層不作變更。

活動層別：將合併的圖素移動到原始圖檔的層別。

補正值：將合併的圖素所在圖層與輸入的數值累加。

(7) **設定**：可以將合併的圖素設定成原始圖檔的顏色、線型、點型、線寬、構圖平面。

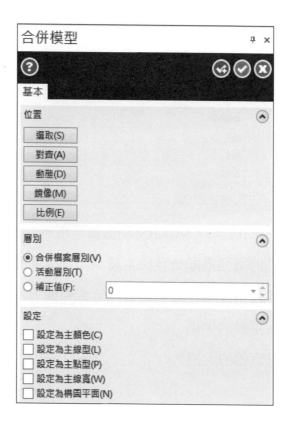

4-7　畫橢圓

選取[繪圖]→[形狀]→[橢圓]，進入"橢圓"對話窗。對話窗中各參數的定義說明如下：

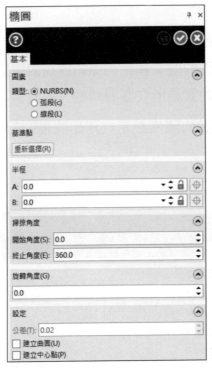

1. **NURBS**：繪製出來的橢圓以 NURBS(N)曲線呈現。

2. **弧段**：橢圓以相切的圓弧搭配公差設定繪製出近似橢圓。

3. **線段**：橢圓以直線段搭配公差設定繪製出近似橢圓。

4. **半徑 A**：橢圓的水平軸的半徑。

5. **半徑 B**：橢圓的垂直軸的半徑。

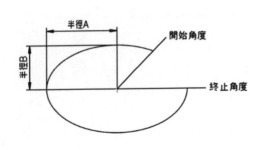

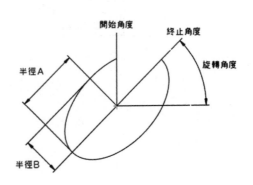

6.　**開始角度**：設定系統開始產生橢圓的角度。這角度是絕對值。如果這數值大於 0 度，產生的橢圓不是封閉式的橢圓。

7.　**終止角度**：設定系統結束橢圓的角度。這角度也是絕對值。

8.　**旋轉角度**：輸入橢圓要旋轉的角度。也許有人會問：旋轉角度會不會影響上述各參數的設定？不會！因為 Mastercam 先以上述第 1 到第 4 的參數計算出橢圓後，再以旋轉角度將橢圓旋轉。

對話窗的參數都設定好之後，選取[確定]鈕。為橢圓中心的位置選取一點後，即產生橢圓。

4-8　畫多邊形

所謂的多邊形，是指三個以上直線邊且從中心到每個直線端點的距離都相等所形成的封閉外形。選取[繪圖]→[建立多邊形]可進入"繪製多邊形"對話窗，說明如下：

1. **邊數**：輸入多邊形的邊數。最小值 3，最大值 360。

2. **半徑**：假想圓的半徑值。

3. **旋轉**：多邊形繞著中心的旋轉角度。

4. **基準點**：以假想圓的圓心為基準點插入繪圖區。

5. **內切圓**：這選項有打勾，表示多邊形在假想圓的外側相切，中心到直線邊端點距離大於假想圓的半徑。

6. **外接圓**：多邊形在假想圓的內側相接，中心到直線邊端點距離等於假想圓的半徑。

7. **轉角倒圓角**：這選項有打半徑，表示將多邊形交點產生圓角。若沒有打勾的話，多邊形以直線產生。

8. **旋轉角度**：這選項有打參數，表示將多邊形產生會旋轉幾度。

4-9 範例二(繪製加工圖)

請依以下步驟繪製加工圖，並以 4-8 為檔名儲存。

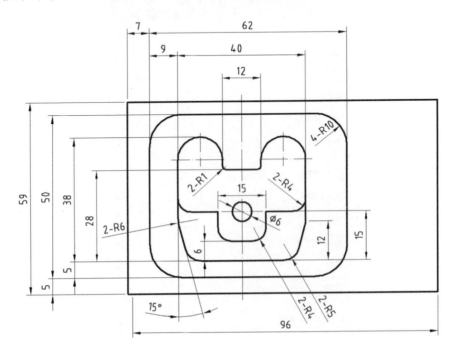

操作步驟

步驟 1 繪製 96×59 的矩形

教學影片　範例圖檔

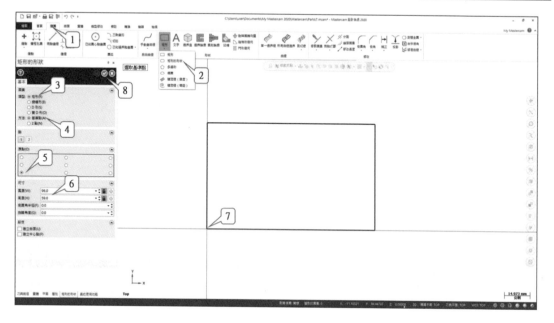

1.	選擇繪圖	5.	選擇原點(左下角)
2.	選擇矩形的形狀	6.	輸入寬度 96 高度 59
3.	選擇矩形	7.	點選原點
4.	選擇基準點	8.	點選確認

步驟 2   繪製 62×50 的矩形

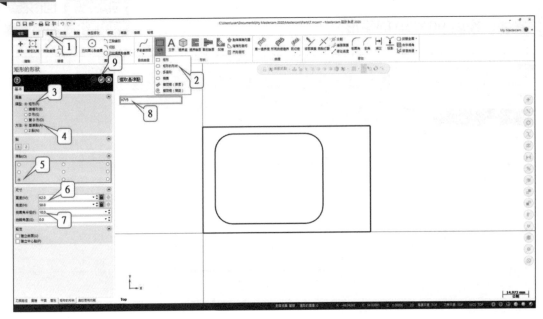

1.	選擇繪圖	6.	輸入寬度 62 高度 50
2.	選擇矩形的形狀	7.	輸入圓角半徑 10
3.	選擇矩形	8.	輸入座標 X7 Y5
4.	選擇基準點	9.	點選確認
5.	選擇原點(左下角)		

步驟 3 繪製 40×38 的矩形

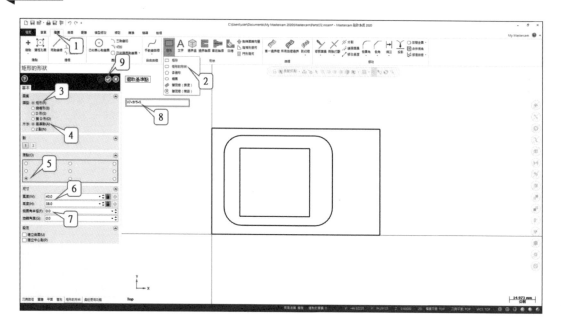

1.	選擇繪圖	6.	輸入寬度 40 高度 38
2.	選擇矩形的形狀	7.	輸入圓角半徑 0
3.	選擇矩形	8.	輸入座標 X7+9Y5+5
4	選擇基準點	9.	點選確認
5.	選擇原點(左下角)		

步驟 4 畫中心線

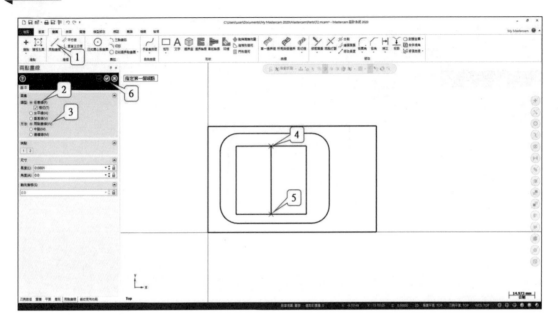

1.	選取兩點畫線
2.	選取任意線
3.	選取兩點畫線
4.	點選線段中點(第一點)
5.	點選線段中點(第二點)
6.	點選確認

步驟 5　畫平行線

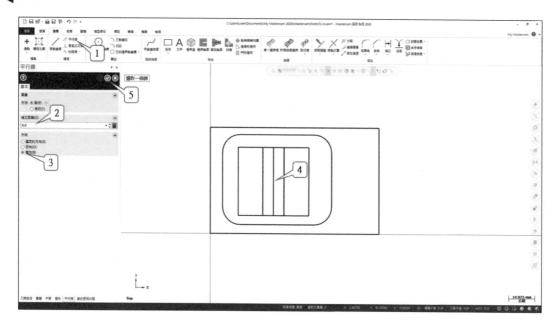

1.	選取平行線
2.	輸入補正距離 6
3.	選擇雙向
4.	點選中心線
5.	點選確認

步驟 6 畫水平線

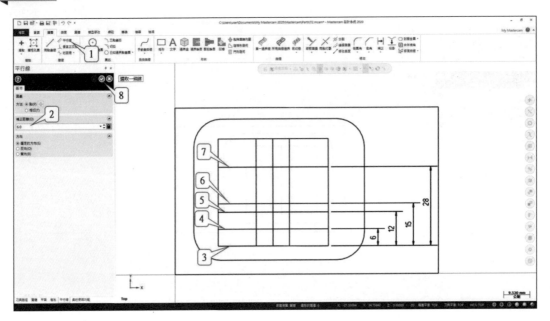

1.	選取平行線	5.	補正距離 12
2.	輸入補正距離 6	6.	補正距離 15
3.	選擇基準線	7.	補正距離 28
4.	點選空白處	8.	點選確認

步驟 7　　畫三圖素切弧

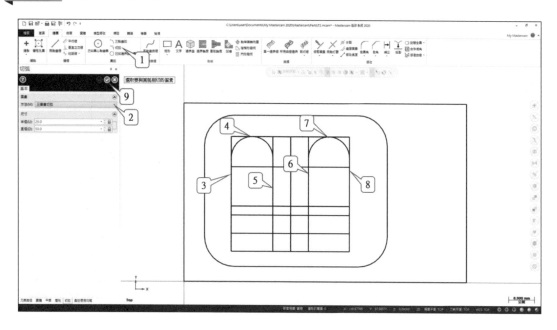

1.	選擇切弧	6.	選擇圖素一
2.	選擇三圖素切弧	7.	選擇圖素二
3.	選擇圖素一	8.	選擇圖素三
4.	選擇圖素二	9.	點選確認
5.	選擇圖素三		

步驟 8　畫極座標線

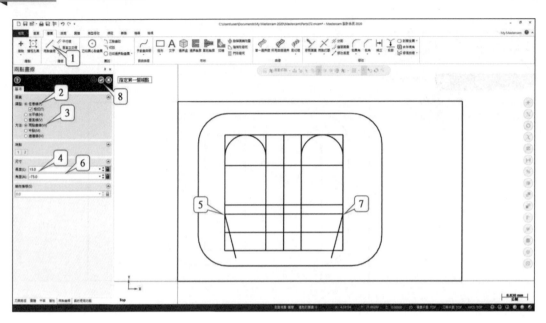

1.	選取兩點畫線
2.	選取任意線
3.	選取兩點畫線
4.	輸入長度 15 角度-75(數值上鎖)
5.	點選交點
6.	輸入長度 15 角度-105(數值上鎖)
7.	點選交點
8.	點選確認

步驟 9　修剪

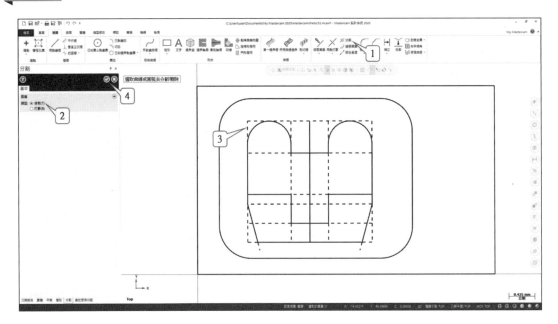

1.	選取分割
2.	選取修剪
3.	分別點選所有虛線部分，刪除線段
4.	點選確認

步驟 10 倒圓角

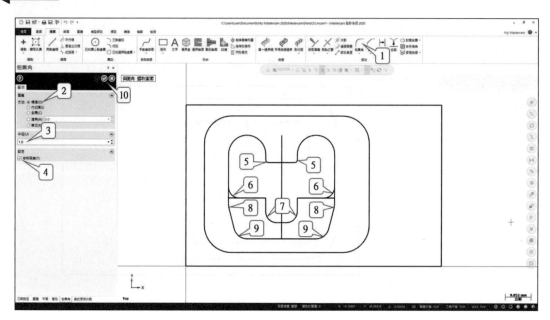

1.	選取倒圓角	6.	倒圓角-半徑 4–不修剪
2.	選擇標準	7.	倒圓角-半徑 4–修剪
3.	輸入半徑 1	8.	倒圓角-半徑 6–修剪
4.	選取修剪圖素	9.	倒圓角-半徑 5–修剪
5.	選取兩圖素實施倒圓角	10.	點選確認

步驟 11　修剪

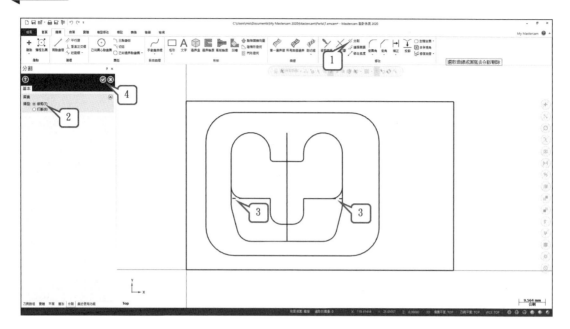

1.	選取分割
2.	選取修剪
3.	分別點選所有虛線部分，刪除線段
4.	點選確認

步驟 12　畫圓

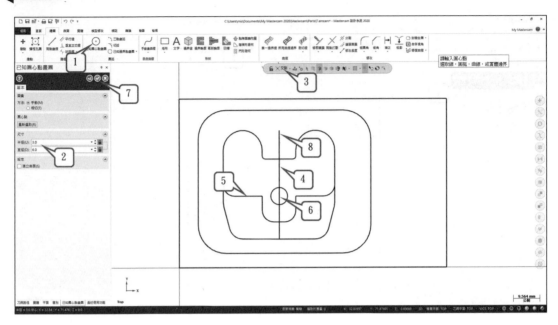

1.	選取已知圓心點畫圓	5.	選取圖素二
2.	輸入半徑 3mm	6.	在交點處產生全圓
3.	點選鎖交點模式	7.	點選確認
4.	選取圖素一	8.	刪除直線

步驟 13 存檔

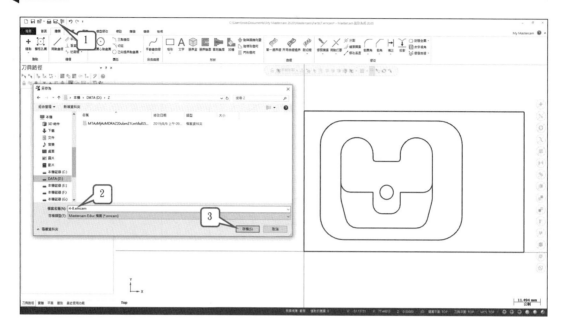

1.	選取另存新檔
2.	輸入檔名
3.	選取存檔

4-10　習題

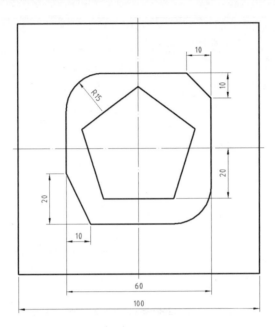

▲ 圖 4-10-1

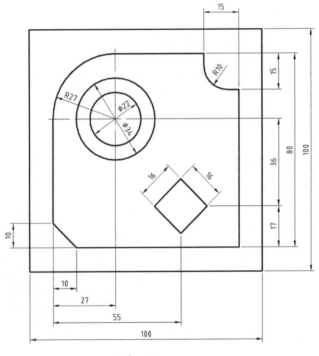

▲ 圖 4-10-2

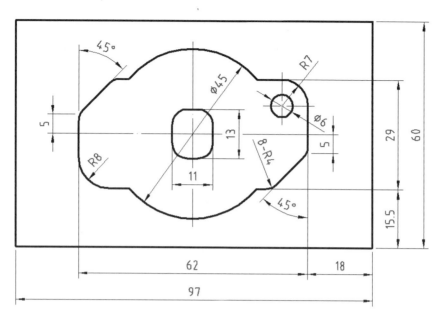

▲ 圖 4-10-3

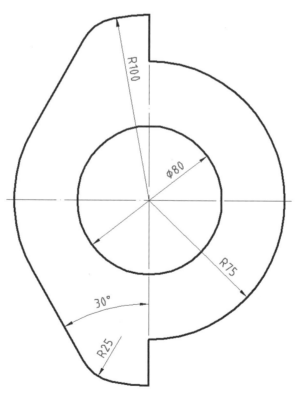

▲ 圖 4-10-4

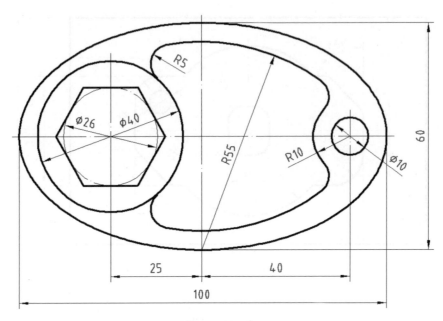

▲ 圖 4-10-5

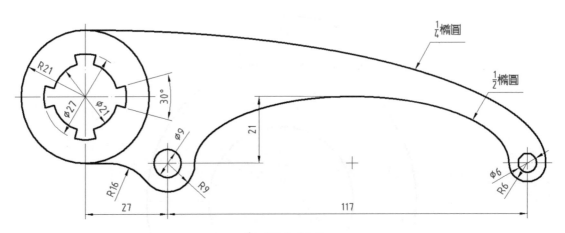

▲ 圖 4-10-6

05

繪圖(三)

學習目標

1. 畫曲線的各種技巧

2. 了解手動及自動的使用方法

3. 如何使用熔接曲線

5-1　繪圖功能表(三)

本章繼續介紹 2D 繪圖功能，要介紹的功能有：

● **曲線**：畫 Nurbs 或參數式曲線。在 5-2 節介紹。

5-2　畫曲線

Spline 曲線為一空間自由曲線，可由兩個以上之節點來控制產生連續性之曲線。要畫曲線，選取主功能表上的[繪圖]→[自由曲線]即可進入繪製曲線功能表，每一選項的功能說明如下：

1.　**曲線／曲面建立形式**：[檔案]→[設定]→[系統設定]→[CAD]，這是切換選項，選取這選項可以設定曲線的型式是要產生 Nurbs 或是參數式曲線。系統預設是 Nurbs 曲線。

2.　**手動畫曲線**：

　　(1)　選取[繪圖]→**[手動畫曲線]**→**[手動畫曲線]**，進入**手動畫曲線**功能表。

　　(2)　以游標循序以滑鼠點選，完成後按確定鍵，則可產生曲線。

3.　**曲線熔接**：這選項讓使用者在二個線性圖素(直線、圓弧或曲線)之間產生分別和這二個線性圖素相切的曲線。以圖為例，要在兩曲線間產生曲線步驟如下：

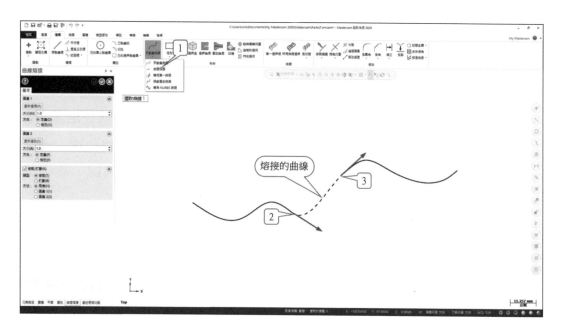

1.	選擇曲面熔接
2.	點選圖素一熔接位置
3.	點選圖素二熔接位置

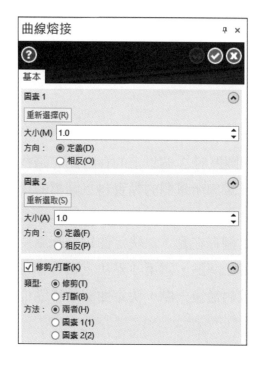

圖素 1：設定要產生的曲線與第一曲線相切時的拉力強度，預設值為 1，愈高的數值造成愈大的強度。一旦修改這值，白色暫時曲線形狀也會跟著改變。

圖素 2：設定要產生的曲線與第二曲線相切時的拉力強度。

修剪 / 打斷：將圖素修剪或打斷成自由曲線。

方法：

兩者：同時修剪兩組曲線。

圖素 1：僅修剪第一組曲線。

圖素 2：僅修剪到第二組曲線。

4. **轉成單一曲線**：可將已串接一起之直線、圓弧或曲線轉成單一曲線。

   (1) 新的圖素，但不是曲線的狀態，轉成單一條曲線。

   (2) 從主功能表上選取[繪圖]→[**手動畫曲線**]→[**轉成單一曲線**]。

   (3) 選取要轉換的圖素，用串連或窗選，將欲轉成同一圖素的圖元串連一起，即可將多條連接的線架構(點，線，圓弧，曲線)，轉為一條曲線。轉出曲線後看本身的圖素看是否要保留曲線、隱藏曲線、刪除曲線、移至其他層別。

重新選取：重新選取要轉換的圖素。
公差：轉換後曲線與原始圖素的容許誤差值。
原始曲線：決定原始圖素轉換後的處理方式。
平滑尖角：可以選擇自動偵測或熔接尖角使尖角平滑。

5. **自動產生曲線**：使用這功能之前，必須在繪圖區有 3 個以上的存在點。這些存在點可以畫點的方式事先畫好或是 3 次元量床所量測的點資料以圖檔轉換方式(Ascii、Iges 等)轉進來。

   選取這選項後，提示區要求選取曲線的第 1 個存在點，以決定曲線的起點位置；第 1 點選取之後，提示區又要求選取第 2 個點，這第 2 點決定搜尋存在點的方向。選取第 2 點之後，要求選取曲線的最後一點，決定曲線的終點位置。

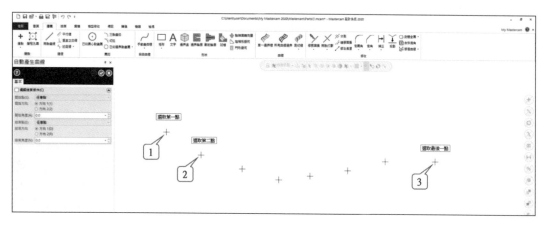

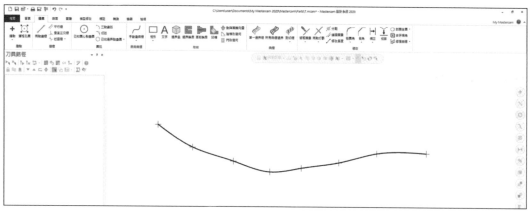

5.　**轉為 NURBS 曲線**：這個功能可將直線、圓弧、參數式曲線和曲面轉換為 Nurbs 格式，以供使用者以調整控制點的方式來調整外形。

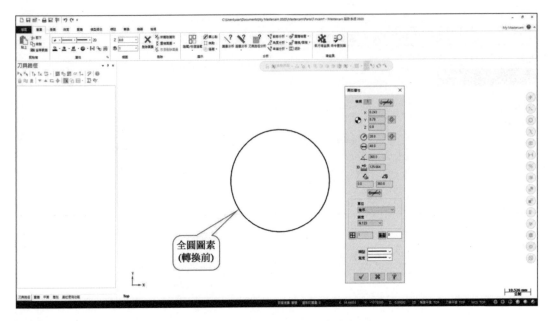

全圓圖素
(轉換前)

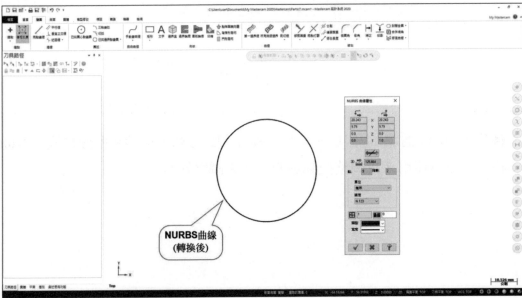

NURBS曲線
(轉換後)

06

圖素的修整

學習目標

1. 學會如何修剪圖素及延伸

2. 學會如何分割圖素

3. 學會如何修剪圓弧

6-1　修剪延伸

MasterCAM 2020 版本將[分割]、[修剪至點]及[延伸]三項小功能獨立出來,並未放置於[修剪到圖素]功能視窗內,選取[繪圖]→[修改]→[修剪到圖素],進入修剪到圖素功能表,如圖 6-1-1。這功能表的內容在本節中說明:

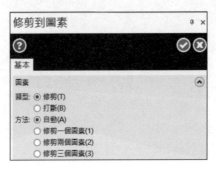

圖 6-1-1

1. **自動**:可依照點選的動作,自動切換成『修剪一個圖素 / 修剪兩個圖素』

   (1) **修剪一個圖素(1)**:修剪或延伸一圖素至與另一圖素之交點。

   畫面會提示『選取圖形去修剪或延伸』時,選擇欲修剪之圖素(如圖素一,滑鼠左鍵點擊一下)→畫面會提示『選取要修剪 / 延伸的圖形』時,選擇邊界圖素(如圖素二,滑鼠左鍵點擊一下)。如圖 6-1-2:

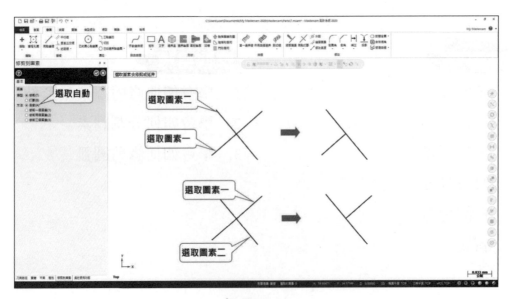

圖 6-1-2

(2) **修剪兩個圖素(2)**：修剪或延伸兩個圖素至其交點。

　　畫面會提示『選取圖形去修剪或延伸』時，選擇欲修剪 1 之圖素(如圖素一，滑鼠左鍵點擊一下)→畫面會提示『選取要修剪／延伸的圖形』時，選擇欲修剪 2 之圖素(如圖素二，滑鼠左鍵快速點擊兩下)。如圖 6-1-3：

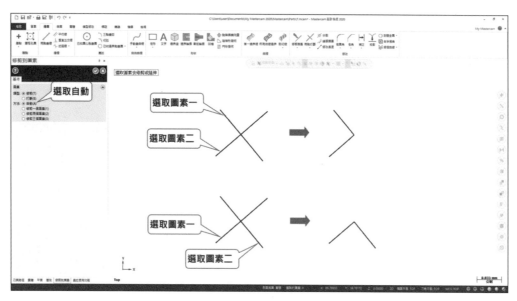

▲ 圖 6-1-3

2. **修剪一個圖素(1)**：先選取要修剪的圖素，再選取邊界圖素的方式來修剪或延伸一圖素。

(1) 在修剪到圖素功能表選取[修剪一個圖素(1)]，提示區顯示如圖 6-1-4 提示。在圖 6-1-2 的圖素一選取要修剪的圖素。

選取圖素去修剪或延伸

▲ 圖 6-1-4

(2) 提示區顯示如圖 6-1-5 提示。在圖 6-1-6 的圖素二選取修剪邊界。

選取要修剪/延伸的圖素

▲ 圖 6-1-5

提示：圖素一表示選取的第一個圖素、圖素二表示第 2 個圖素，以此類推。

重點：選取要修剪的圖素時，請選取要保留的那一邊。

修剪線性圖素時有二個重要特性：

(1)　被修剪的圖素是直線和弧時，它與作為修剪邊界的圖素不需要相交也可以延伸修齊，只要被修剪圖素和修剪邊界之間的延伸方向有相交就可以；曲線不能被認為有延伸方向，所以曲線要被修剪時，一定要確實相交。選取要修剪圖素時，以圖素的中點為界，選取要延伸修齊的一端。(請參閱圖 6-1-6)

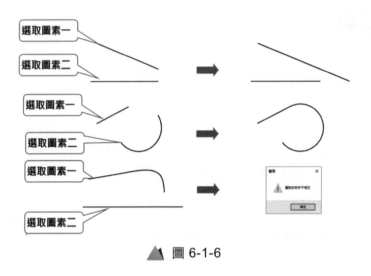

▲ 圖 6-1-6

(2)　全圓要被修剪時，要注意圓的端點位置。全圓有端點？是的！端點在圓心的 3 點鐘方向(如果全圓是由弧以[恢復全圓]產生或是全圓曾繞圓心點旋轉一角度，那圓的端點可能不在 3 點鐘方向)。可以將全圓想像成由一條鐵絲彎成的圓，它有開口只不過開口距離是 0。如果想將圖 6-1-7 所示左邊的圓修剪成右邊的弧，請參考圖 6-1-8 所示的步驟。

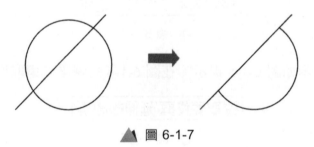

▲ 圖 6-1-7

以[修剪圖素]的[修剪一個圖素(1)]來修剪全圓的情形

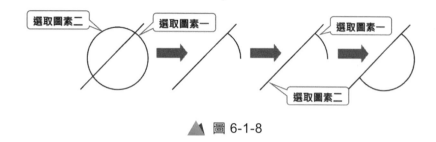

▲ 圖 6-1-8

想將圖 6-1-9 左邊的圓修剪成右邊的弧，請參考圖 6-1-10 的步驟。

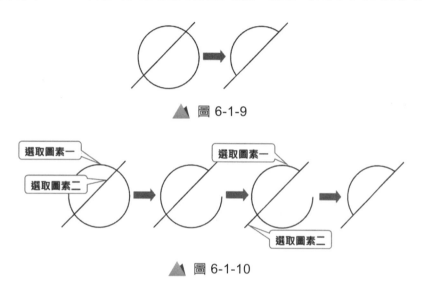

▲ 圖 6-1-9

▲ 圖 6-1-10

3. **修剪兩個圖素**：選取的二個線性圖素都要修剪如圖 6-1-11，也互為邊界。

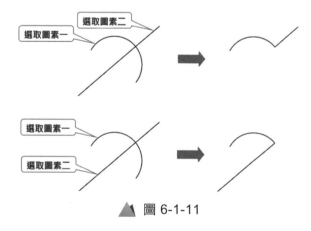

▲ 圖 6-1-11

重點：選取要修剪的圖素時，請選取要保留的那一邊。

4. **修剪三個圖素**：這個功能將前二個選取的圖素修剪延伸到第三個圖素，再以前二個圖素為邊界，修剪或延伸第三個圖素。這種特性對二直線修剪到圓弧的情形非常好用。

操作步驟（以圖 6-1-12 為例）

(1) 請選擇要修整的第一個圖素。

(2) 請選擇要修整的第二個圖素。

(3) 修整到某一圖素：選取第三個圖素。

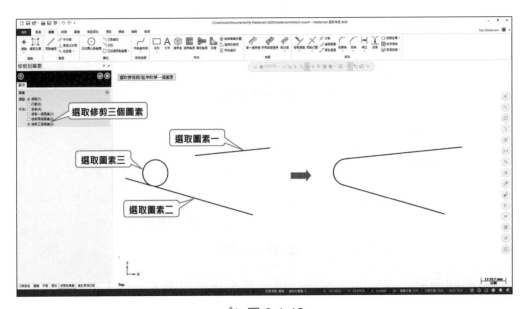

圖 6-1-12

5. **修剪至點**：這功能在 MasterCAM 2020 版獨立出來，其功能將選取的線性圖素修剪或延伸(曲線無法延伸)到某一指定點。被選取的圖素會被修剪或延伸到點的法線位置。

操作步驟（以圖 6-1-13 為例）

(1) 請選擇[繪圖]→[修改]→[修剪到點]：選取圖素一的直線。

(2) 請指定要修剪／延伸的位置：選取點圖素。

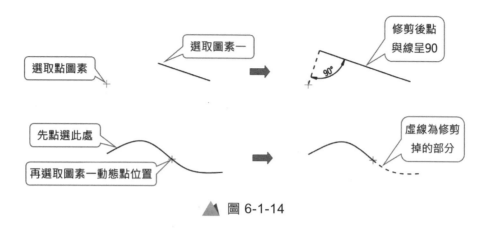

▲ 圖 6-1-14

6. **多物修整**：以一個線性圖素(直線、圓弧或曲線)為邊界，一次修整延伸多個線性圖素。

修剪圖素
修剪到點
多圖素修剪
在交點修改

 操作步驟 (以圖 6-1-15 為例)

(1) 請選取要修整的曲線：選取所有直線圖素後，選取[結束選擇]。

(2) 請選擇修整的邊界線。

(3) 請選擇修整要保留的部份。

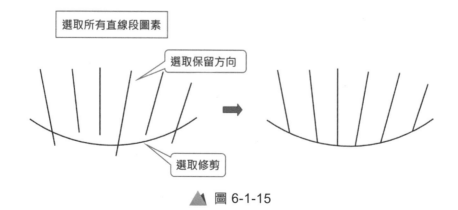

▲ 圖 6-1-15

7. **封閉全圓**：這功能可將一弧變更爲圓。將弧經由封閉全圓產生的圓，圓的端點是在原來弧的起點位置(如圖 6-1-16)。這種情形在對圓作修剪延伸時要注意。

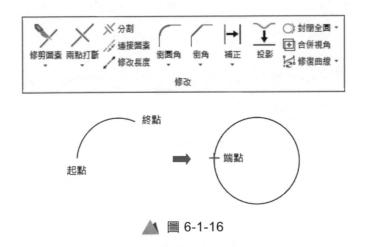

圖 6-1-16

8. **分割**：以一個或二個線性圖素(直線、圓弧或曲線)作爲邊界，將某一直線或圓弧位於二邊界內的部分清除。

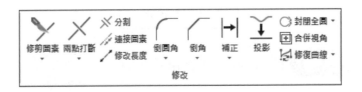

操作步驟 (以圖 6-1-17 爲例)

請選擇要分割的直線或圓弧：選取圖素一。

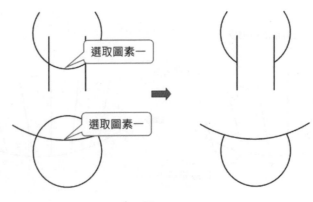

圖 6-1-17

6-2　打斷

選取功能表上的[繪圖]→[修改]→[兩點打斷]選項，如圖 6-2-1。這裡面提供的功能可以將直線、圓弧、和曲線打斷爲二個(含)以上的圖素。在本節將介紹這些功能。

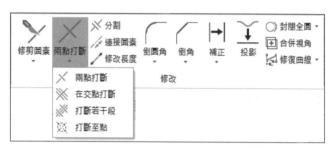

▲ 圖 6-2-1

1. **兩點打斷**：在一指定點上將一直線、圓弧或曲線打斷爲二個圖素。如果輸入的指定點不在圖素上，系統會在被選取圖素尋找最接近的位置來打斷。這功能常用在編輯刀具路徑時，爲了刀具行進的路徑需要，須將圖素打成二段時使用，如圖 6-2-2。

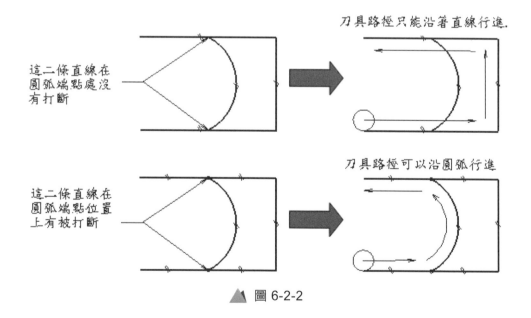

▲ 圖 6-2-2

(以圖 6-2-3 為例)

(1) 請選擇圖素：在 P1 選取圖素。

(2) 請指定斷點：選取 P2(圖素中點)。

▲ 圖 6-2-3

2. **在交點處打斷**：選取圖素在每個相交處打斷。

(以圖 6-2-4 為例)

(1) 選取要打斷的圖素：選取所有圖素。

(2) 選完後要點選 Enter 鍵。

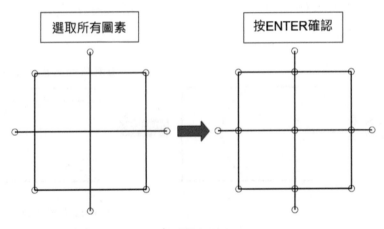

▲ 圖 6-2-4

3. **打斷若干段**：將圖素打成若干段。選擇打斷若干段功能會出現如圖 6-2-5，點選型式如下說明：

建立曲線：打斷的圖素以曲線形式建立。

建立線：打斷的圖素以直線形式建立。

數量：以打斷的數量方式建立。

公差：打斷的公差。(系統將選取的圖素，依此公差打斷成線段或圓弧)。

精確距離：每一段的距離是固定的，但是會有不整除而多的圖素。

完整距離：距離不整除時會均分每一段，而產生線段一樣長。

刪除：刪除原來圖素。

保留：保留原來圖素。

隱藏：隱藏原來圖素。

圖 6-2-5

 **操作步驟** (以圖 6-2-6 為例)

(1) 選擇數量：數值輸入 8，將直線等分為 8 段。

(2) 選擇精確距離：數值輸入 10，將直線精準分為 10mm 一段，不足 10mm 獨立一段。

(3) 選擇完整距離：數值輸入 10，將直線等分為 6 段。

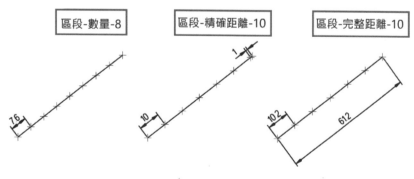

▲ 圖 6-2-6

 (以圖 6-2-7 為例)

選擇公差：數值輸入 0.5，將曲線打斷呈直線，誤差值為 0.5mm 以內。

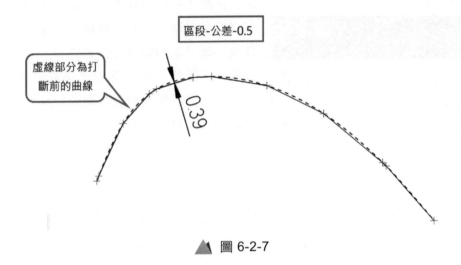

▲ 圖 6-2-7

4.　**打斷至點**：打斷線、弧、曲線至點，點必須繪製於欲打斷的圖素上。

 (以圖 6-2-8 為例)

(1)　選取要打斷的圖素：選取所有圖素(包含圖素上的存在點)。

(2)　選完後要點選 Enter 鍵。

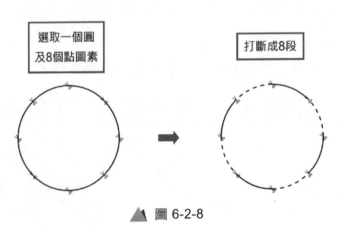

▲ 圖 6-2-8

6-3　連接圖素

這功能可以將共線的二條直線連接成一條直線、或是將同圓心和同半徑的二弧連接成一弧、或是將原來由一條曲線所打斷成的二條曲線連接成一條曲線。

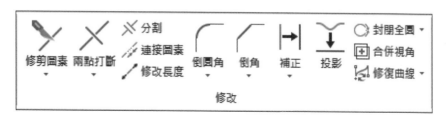

操作步驟 (以圖 6-3-1 為例)

(1) 在主功能表選取[繪圖]→[修改]→[連接圖素](如圖 6-3-1)。

(2) 請選取圖素一。

(3) 請選擇另一條線選取圖素二。

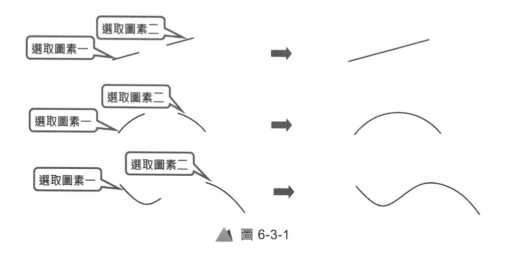

▲ 圖 6-3-1

6-4　修改長度

　　這個功能可將直線、弧、曲線和曲面延伸或修剪(曲面除外)一距離。當從主功能表上選取[繪圖]→[修改]→[修改長度]，功能表顯示如圖 6-4-1，說明如下：

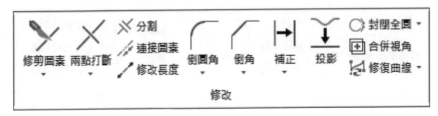

▲ 圖 6-4-1

1.　**類型**：依需求選擇延長或縮短。

2.　**打斷**：在指定距離的點處打斷圖素。

3.　**距離**：輸入要延長或縮短的距離。選取圖素時請靠近要延伸或修剪的一端。

操作步驟　(以圖 6-4-2 為例)

(1)　在主功能表選取[繪圖]→[修改]→[修改長度]。

(2)　選取類型延長或縮短。

(3)　請輸入距離：輸入 15。

(4)　請指定曲線要延伸或縮短的一端：在 P1 選取圖素。

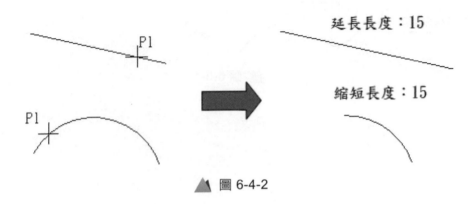

▲ 圖 6-4-2

6-5　繪圖練習

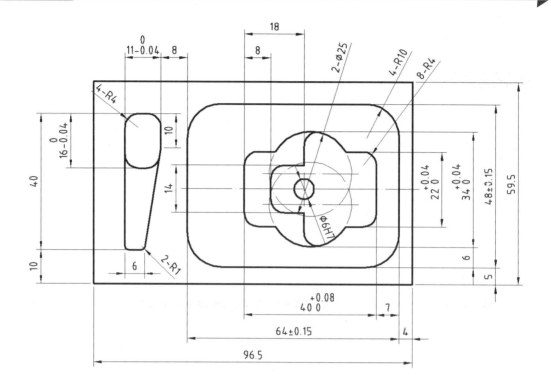

教學影片

操作步驟

步驟 1　開啓新檔

1. 選取[檔案]→[新增]。

2. 打開(F9)顯示原點座標。

步驟 2 繪製 96.5×59.5 的矩形

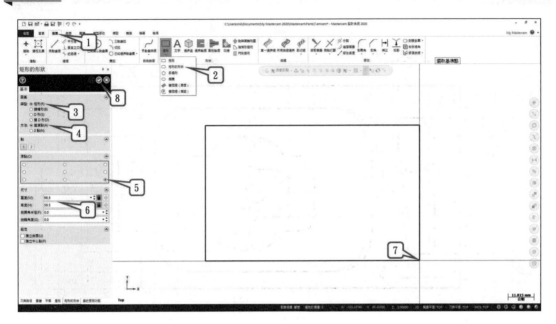

1.	選擇繪圖	5.	選擇原點(右下角)
2.	選擇矩形的形狀	6.	輸入寬度 96.5 高度 59.5
3.	選擇矩形	7.	點選原點
4.	選擇基準點	8.	點選確認

步驟 3　繪製 64×48 的矩形

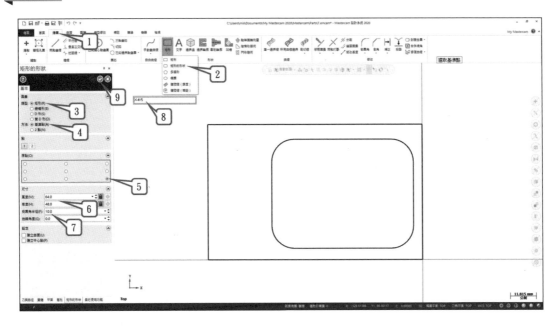

1.	選擇繪圖	6.	輸入寬度 64 高度 48
2.	選擇矩形的形狀	7.	輸入圓角半徑 10
3.	選擇矩形	8.	輸入座標 X-4Y5
4.	選擇基準點	9.	點選確認
5.	選擇原點(右下角)		

步驟 4　繪製 40×34 的矩形

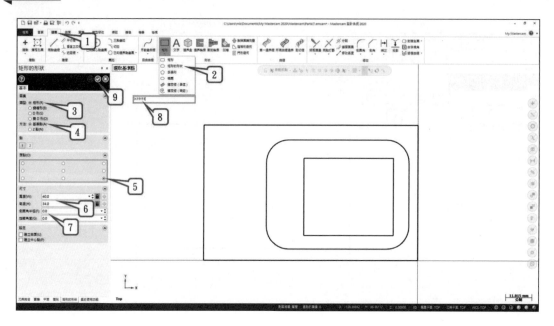

1.	選擇繪圖	6.	輸入寬度 40 高度 34
2.	選擇矩形的形狀	7.	輸入圓角半徑 0
3.	選擇矩形	8.	輸入座標 X-11Y11
4.	選擇基準點	9.	點選確認
5.	選擇原點(右下角)		

步驟 5　繪製 11×40 的矩形

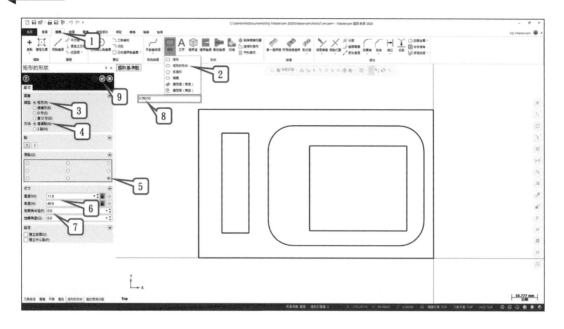

1.	選擇繪圖	6.	輸入寬度 11 高度 40
2.	選擇矩形的形狀	7.	輸入圓角半徑 0
3.	選擇矩形	8.	輸入座標 X-76Y10
4.	選擇基準點	9.	點選確認
5.	選擇原點(右下角)		

步驟 6　畫中心線

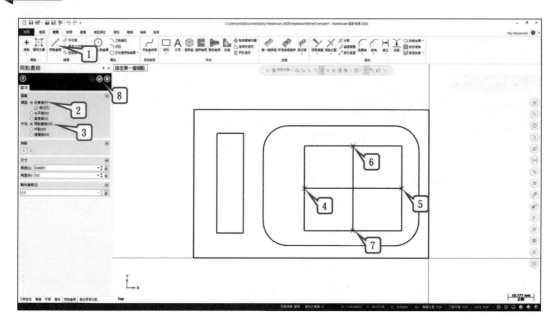

1.	選取兩點畫線
2.	選取任意線
3.	選取兩點畫線
4.	點選線段中點(第一點)
5.	點選線段中點(第二點)
6.	點選線段中點(第一點)
7.	點選線段中點(第二點)
8.	點選確認

步驟 7　畫圓弧

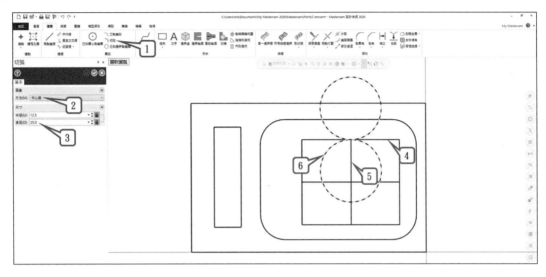

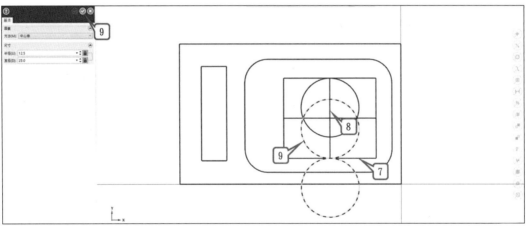

1.	選取切弧	6.	選取下面的圓弧
2.	選取中心線	7.	選取與圓弧相切的直線
3.	輸入直徑 25	8.	選取圓心經過的直線
4.	選取與圓弧相切的直線	9.	選取上面的圓弧
5.	選取圓心經過的直線	10.	選取確認

步驟 8　畫平行線

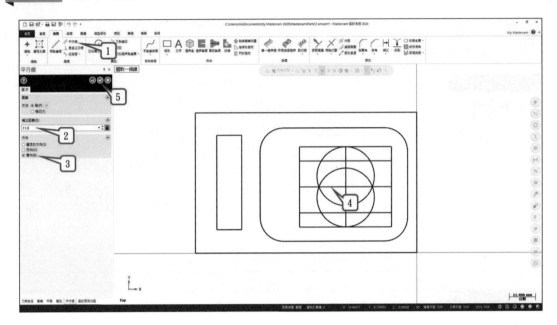

1.	選取平行線
2.	輸入補正距離 11
3.	選擇雙向
4.	點選中心線
5.	點選確認

步驟 9　倒圓角及修剪

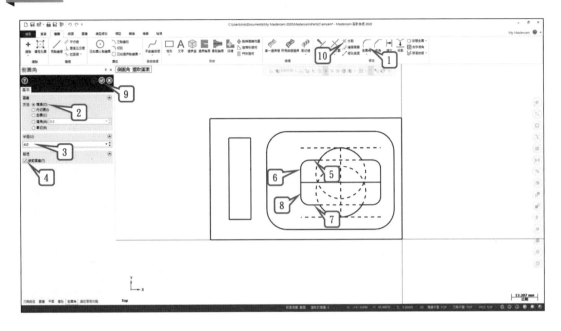

1.	選取倒圓角	6.	選取圖素二
2.	選取標準	7.	選取圖素一
3.	輸入半徑 4	8.	選取圖素二
4.	選取修剪圖素	9.	選取確認
5.	選取圖素一	10.	使用分割刪除所有虛線部分的線段

步驟 10　畫水平線及垂直線

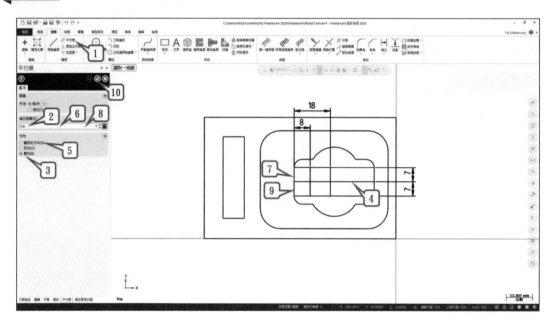

1.	選取平行線	6.	輸入補正距離 8
2.	輸入補正距離 7	7.	點選基準線選取補正方向，按 ENTER 鍵
3.	選取雙向	8.	輸入補正距離 18
4.	選取中心線，按 ENTER 鍵	9.	點選基準線選取補正方向，按 ENTER 鍵
5.	選取選定的方向	10.	點選確認

步驟 11　倒圓角

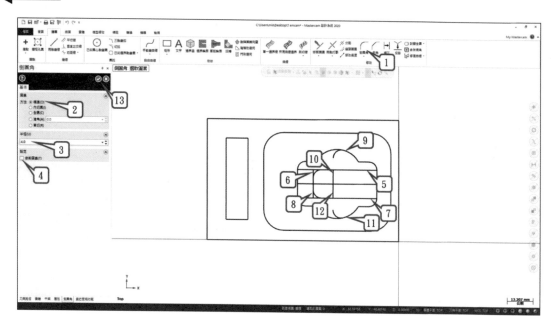

1.	選取倒圓角	8.	選取圖素二
2.	選取標準	9.	選取圖素一
3.	輸入半徑 4	10.	選取圖素二
4.	選取不修剪圖素	11.	選取圖素一
5.	選取圖素一	12.	選取圖素二
6.	選取圖素二	13.	選取確認
7.	選取圖素一		

步驟 12　修剪

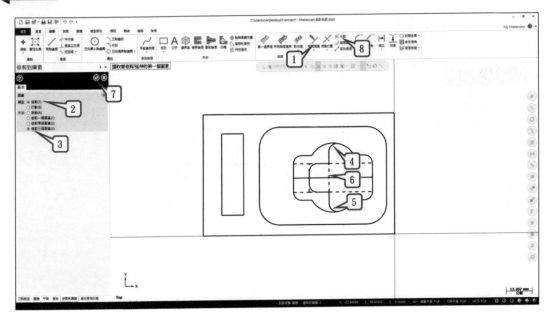

1.	選取修剪圖素
2.	選取修剪
3.	選取修剪三個圖素
4.	選取圖素一
5.	選取圖素二
6.	選取圖素三
7.	選取確認
8.	選取分割，修剪所有虛線部分

步驟 13　畫圓

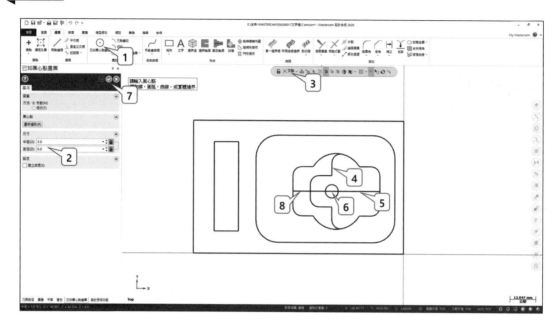

1.	選取已知圓心點畫圓	5.	選取圖素二
2.	輸入半徑 3mm	6.	在交點處產生全圓
3.	點選鎖交點模式	7.	點選確認
4.	選取圖素一	8.	刪除直線

步驟 14 畫水平線及垂直線

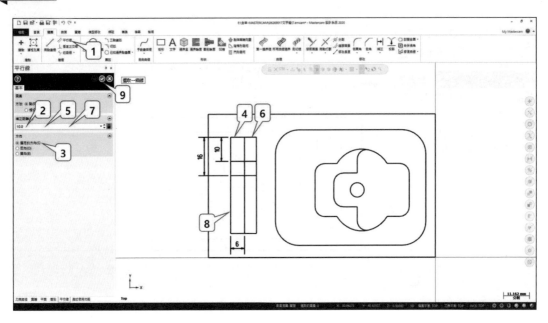

1.	選取平行線	6.	點選基準線選取補正方向，按 ENTER 鍵
2.	輸入補正距離 10	7.	輸入補正距離 6
3.	選取選定的方向	8.	點選基準線選取補正方向，按 ENTER 鍵
4.	點選基準線選取補正方向，按 ENTER 鍵	9.	點選確認
5.	輸入補正距離 16		

步驟 15　畫線條

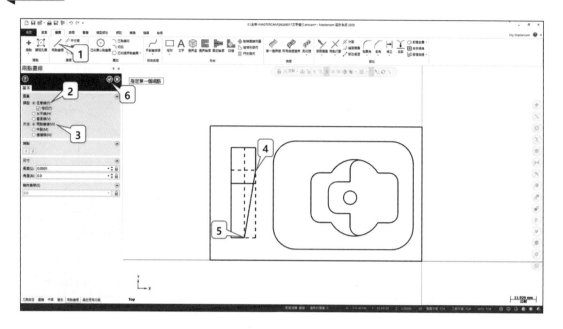

1.	選取兩點畫線
2.	選取任意線
3.	選取兩點畫線
4.	點選第一點
5.	點選第二點
6.	選取確認
7.	選取分割刪除虛線部分

步驟 16　倒圓角

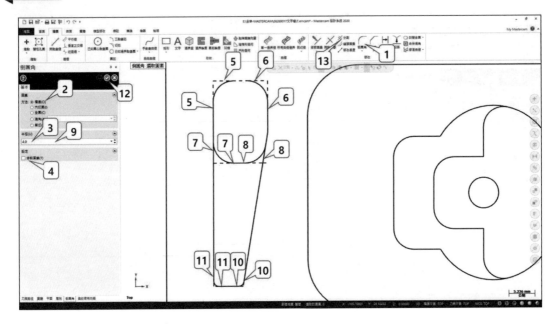

1.	選取倒圓角	8.	選取圖素一、圖素二
2.	選取標準	9.	先按 ENTER，再輸入半徑 1
3.	輸入半徑 4	10.	選取圖素一、圖素二
4.	選取不修剪	11.	選取圖素一、圖素二
5.	選取圖素一、圖素二	12.	選取確認
6.	選取圖素一、圖素二	13.	選取分割刪除虛線部分
7.	選取圖素一、圖素二		

步驟 17　存檔

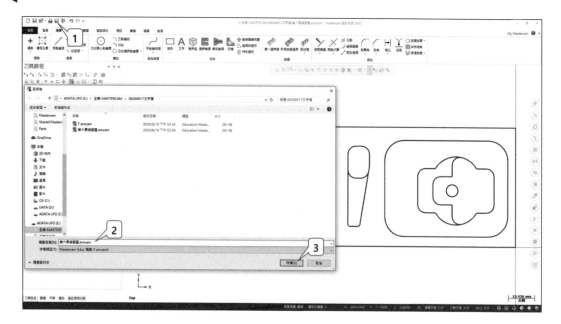

1.	選取另存新檔
2.	輸入檔名
3.	選取存檔

6-6 習題

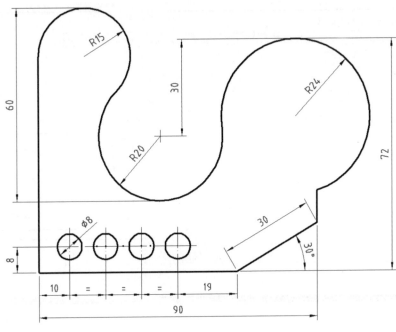

圖 6-6-1

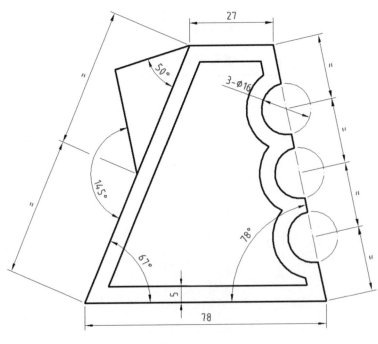

圖 6-6-2

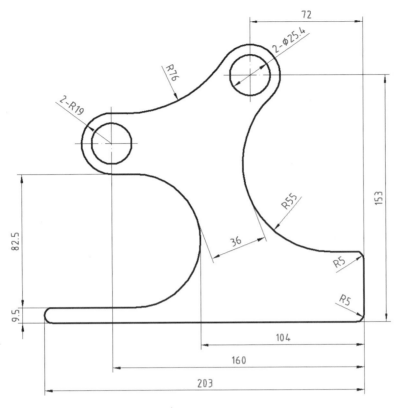

▲ 圖 6-6-3

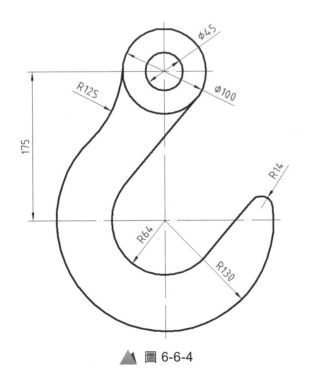

▲ 圖 6-6-4

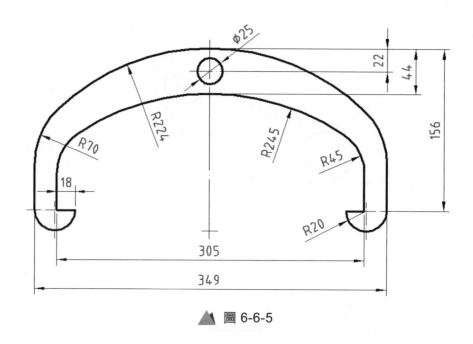

圖 6-6-5

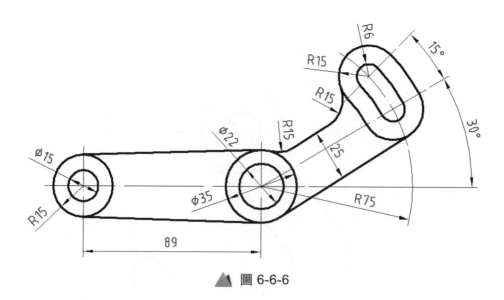

圖 6-6-6

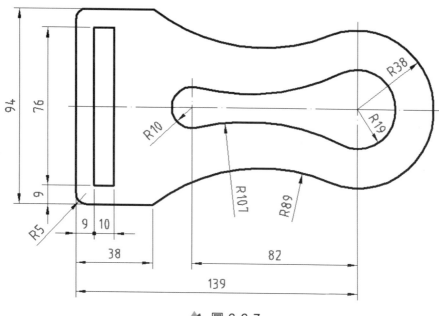

▲ 圖 6-6-7

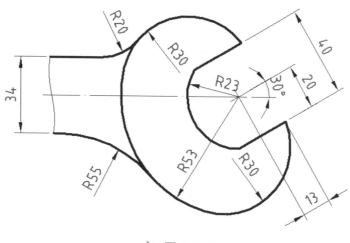

▲ 圖 6-6-8

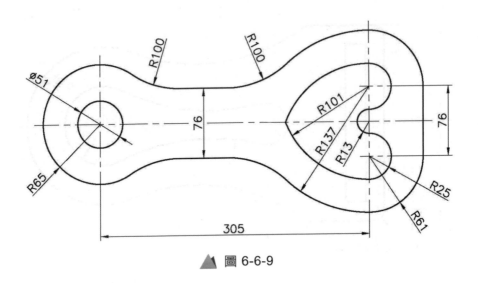

▲ 圖 6-6-9

07

轉換

學習目標

1. 了解圖素旋轉的方法

2. 了解圖素移動、鏡射的技巧

3. 了解單體補正和串連補正的差異

7-1　選取圖素的方法

　　Mastercam 在編修圖形時，系統常常要求選取圖素。所以 Mastercam 提供一些選取圖素的方法，供使用者快速選取圖素以利編修。除了系統提示選取圖素時，直接用滑鼠選取圖素外，系統提供一個『一般的選擇』工具列(如圖 7-1-1)供使用者多種選取圖素的方法，方法說明如下：

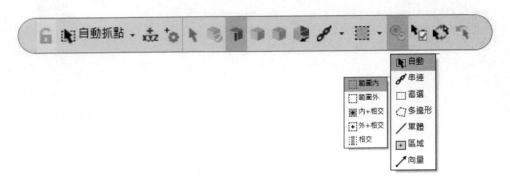

▲ 圖 7-1-1

✅	確定選擇：已完成選取的動作。
❌	取消選擇：取消所有選取的動作。
自動抓點	抓點方式請參考 2-3。
	選取實體：如果幾何圖形沒有實體，則這按鈕是無效的。
	選取實體邊界：實體單一邊界選取功能開啟或關閉。
	選取實體面：切換實體面選取功能開啟或關閉。
	選取實體主體：切換實體主體選取功能開啟或關閉。
	從背面選取：切換從背面選取功能開啟或關閉。
	自動選擇

	選取一組串在一起的圖素。
	以對角二點產生矩形拖拉框來框選圖素。
	以多邊形窗選模式來產生多邊形拖拉框來框選圖素。
	一次只能選一個圖素。
	使用者只要在封閉的外形內點一下，系統就會選一個外形。
	用滑鼠游標點出向量線段，系統會選取與向量線段相交的連續圖素。
	窗選的型式
範圍內	在窗選時，系統只會選取完全在拖拉框內的圖素。
範圍外	在窗選時，系統只會選取完全在拖拉框內的圖素。
內+相交	在窗選時，系統只會選取完全在拖拉框內，和與拖拉框相交的圖素。
外+相交	在窗選時，系統只會選取完全在拖拉框外，和與拖拉框相交的圖素。
相交	在窗選時，系統只會選取和拖拉框相交的圖素。
	反向選擇，選取沒選擇的圖素，並放棄已選取的圖素。
	選擇到最後一次選擇的圖素。

系統會在繪圖區中，選取所有符合設定的圖素，螢幕畫面會出現一個『選取所有／僅選取所有』的視窗如下表：

 ✛	**所有／只有點**：當選擇到圖示左上方時，則會選取到所有的點，當選擇到圖示右下方時，則會在選取圖素中，只能選取到點。在複雜的圖形中，此選項可以避免選取到多餘的圖素。
 ✛	所有／只有線：請參考點的選擇方式。
 ⊘	所有／只有圓弧：請參考點的選擇方式。
 ✗	所有／只有曲線：請參考點的選擇方式。
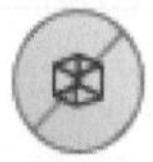 ⊗	所有／只有全部的線架構(點、線、弧…)：請參考點的選擇方式。
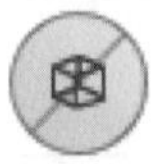 ⊗	所有／只有尺寸標註：請參考點的選擇方式。
 ⊢⊣	所有／只有曲面：請參考點的選擇方式。
 ✗	所有／只有實體：請參考點的選擇方式。
 ▣	全部結果圖素(轉換後的圖素如平移、旋轉…)
 ▣	全部群組圖素(轉換後的圖素如平移、旋轉…)
 ▣	選取所有已命名的群組圖素
 P	所有／只有顏色：請參考點的選擇方式。
 ▦	依照圖層選取所有／只有圖素：請參考點的選擇方式。
 ⊘	所有／只有所有圖素：請參考點的選擇方式。
 ⊘	清除選取／清除所有標記

7-2　動態

　　這個功能可以將選取的圖素動態移動、對齊或複製到新位置上，如圖 7-2-1 所示。

原來圖素　　　　　　　　　　　　對齊後圖素

▲ 圖 7-2-1

　　選擇[轉換]→[轉換]→[動態]會出現『選取圖素移動／複製』時，請參考 7-1 節選取圖素的方法選擇圖素，選完圖素後，點選結束選擇圖像 ◎，或按滑鼠左鍵連續兩下，畫面會出現如圖 7-2-2，將指標放置到圖素上(看使用者想以哪個地方當基準)如下說明：

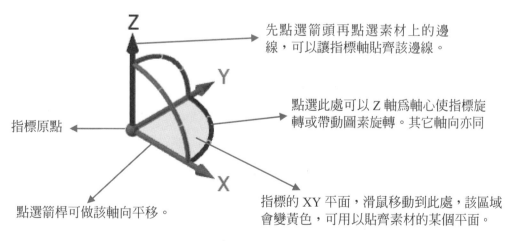

先點選箭頭再點選素材上的邊線，可以讓指標軸貼齊該邊線。

點選此處可以 Z 軸為軸心使指標旋轉或帶動圖素旋轉。其它軸向亦同

指標原點

點選箭桿可做該軸向平移。

指標的 XY 平面，滑鼠移動到此處，該區域會變黃色，可用以貼齊素材的某個平面。

▲ 圖 7-2-2

：控制圖形(移動箭頭時，圖形會跟著移動)

：控制軸(移動箭頭時，只有軸會跟著移動)

1. **動態平移**：按下鍵盤上的 Tab 鍵可直接輸入數據，如圖 7-2-3。

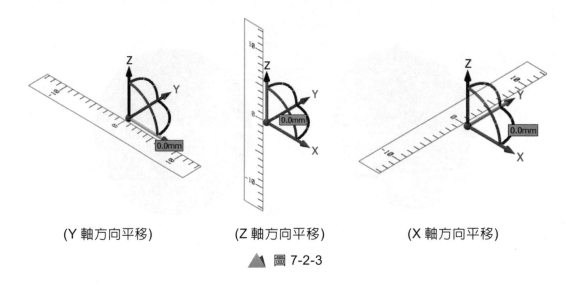

(Y 軸方向平移)　　　　(Z 軸方向平移)　　　　(X 軸方向平移)

▲ 圖 7-2-3

2. **動態旋轉**：按下鍵盤上的 Tab 鍵可直接輸入數據，如圖 7-2-4。

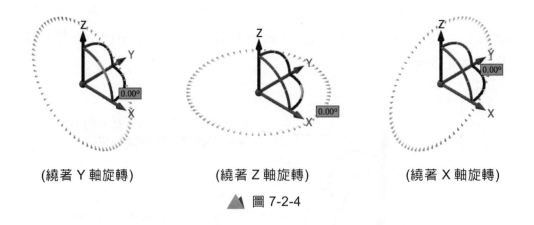

(繞著 Y 軸旋轉)　　　　(繞著 Z 軸旋轉)　　　　(繞著 X 軸旋轉)

▲ 圖 7-2-4

3.　**軸向對齊**：滑鼠左鍵點選軸向箭頭，再點選實體圖上的邊線，即可將指標的軸向於實體圖上所選的邊線平行且對齊，如圖 7-2-5。

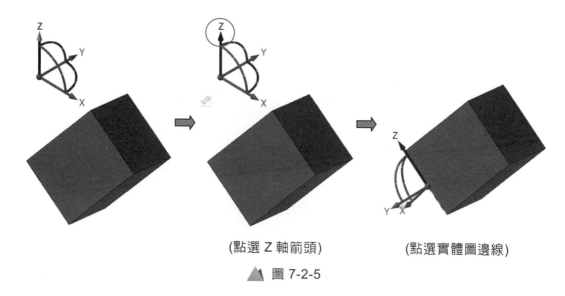

(點選 Z 軸箭頭)　　　　(點選實體圖邊線)

▲ 圖 7-2-5

4.　**面對齊**：滑鼠左鍵點選指標的 XY 平面，滑鼠移動到此處，該區域會變黃色，可用以貼齊實體素材的某個平面，如圖 7-2-6。

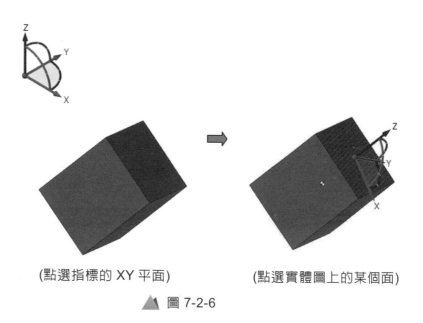

(點選指標的 XY 平面)　　　　(點選實體圖上的某個面)

▲ 圖 7-2-6

5.　**指標原點**：放置於圖素的基準點上後如圖 7-2-7 所示，點選結束選取，出現動態對話視窗，如圖 7-2-8 所示，如下說明：

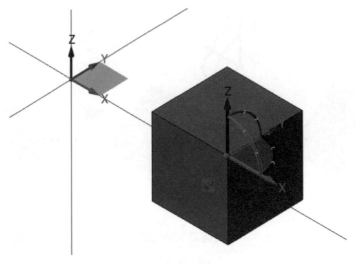

▲ 圖 7-2-7

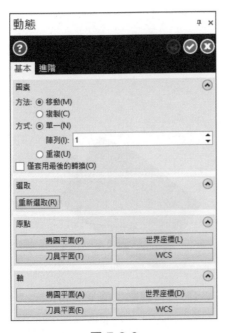

圖 7-2-8

移動：將被選取的圖素移動到新的位置上。

複製：將被選取的圖素複製到新的位置上，而且保留原來的被選取的圖素。

陣列：可做陣列次數。

重複：可做動態連續複製。

重新選取：增加／移除圖形。

原點：對齊到原點的方式。

軸：對齊到軸的方式。

7-3　平移

　　平移這功能可以將被選取的圖素移動或複製到一新位置，基本上產生的新圖素和原來選取圖素的方向、尺寸或形狀會完全一樣，只是位置不同。

操作步驟

(1)　選取[轉換]→[轉換]→[平移]。

(2)　選取要平移的圖素後，選取[結束選取]選項以結束圖素的選取。

(3)　平移對話視窗(如圖 7-3-1)供使用者設定要以那一種方式來設定移動方向或距離。這些選項說明如下：

▲ 圖 7-3-1

(4)　將上述平移方向設定好之後，選取[確定]鈕，結束對話視窗的設定，即可產生平移圖素。

1. **增量：**以輸入 XYZ 三軸方向的移動距離來移動或複製圖素。以圖 7-3-3 左圖為例，P1 圓要朝 X 方向 30，Y 方向 15 來移動。請於[增量]欄位，輸入數值，如圖 7-3-2。

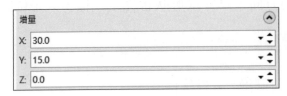

▲ 圖 7-3-2

2. **極座標：**以輸入角度和距離來移動或複製圖素(如圖 7-3-3 的中間圖)。

3. **向量從 / 到：**以輸入圖素平移的起點和終點位置來移動圖素(如圖 7-3-3 的右圖)。

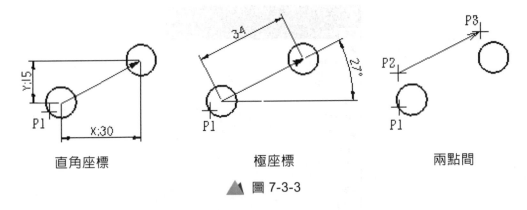

直角座標　　　　　　　極座標　　　　　　　兩點間

▲ 圖 7-3-3

3D 平移：可將空間中歪斜放置的 3D 圖形擺正，不需要以多次旋轉方式來擺正圖形。對話視窗(如圖 7-3-4)，說明如下：

操作步驟

(1) 選取[轉換]→[轉換]→[3D 平移]。

(2) 選取要 3D 平移的圖素後(如圖 7-3-5，左側)，選取[結束選取]選項以結束圖素的選取。

(3) 3D 平移對話視窗(如圖 7-3-4)，選擇[移動]。

(4) 平面來源選擇[左側視圖]。

(5) 平面目標選擇[俯視圖]。

(6) 即可將 3D 圖形擺正(如圖 7-3-5，右側)。

▲ 圖 7-3-4 　　　　　　　　　▲ 圖 7-3-5

複製：將被選取的圖素複製到新的位置上，而且保留原來的被選取的圖
素。

移動：將被選取的圖素移動到新的位置上。

重新選擇：增加／移除圖形。畫面會提示『選擇圖素』時，可點選想要
增加的圖像，或點選想要在選取的圖形中取消選取。

平面來源：選擇移動前的視角。

平面目標：選擇移動後的視角。

7-4 旋轉

旋轉這功能可以將選取的圖素繞著一點旋轉一角度來移動或複製圖素。角度值是正值時圖素朝逆時針方向旋轉；負值時朝順時針旋轉。對話視窗(如圖 7-4-1)，說明如下：

▲ 圖 7-4-1

複製： 將被選取的圖素複製到新的位置上，而且保留原來的被選取的圖素。

移動： 將被選取的圖素移動到新的位置上。

連接： 被選取圖素是複製狀態，並在端點地方成一垂直線。

選擇(重新選擇)： 增加／移除圖形。畫面會提示『選擇圖素』時，可點選想要增加的圖像，或點想要在選取的圖形中取消選取。

次數： 平移的次數。

角度之間： 每次旋轉的角度。

完全掃描： 以旋轉次數均分角度。

旋轉中心(重新選擇)： 定義旋轉中心點。

實例旋轉： 圖素本身以旋轉的方式，繞著旋轉中心點旋轉。

實例平移： 圖素本身以移動的方式，繞著旋轉中心點旋轉。

刪除： 移除部分結果。

重置： 回復移除的項目。有執行移除部分結果功能才有效。點選此選項後，會將『移除部分結果』功能移除的圖素全部回復回來。

方向： 切換移動或複製圖素的方向。

新的屬性： 本選項於進階內，有打勾時，轉換後新圖素會以下列新設定的屬性。

操作步驟 (以圖 7-4-2 為例)

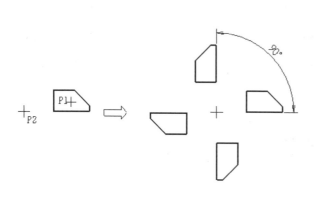

▲ 圖 7-4-2　　　　　　　　　　　　　　　▲ 圖 7-4-3

(1) 選取[轉換]→[轉換]→[旋轉]，選取圖素。

(2) 使用者可以用[串連]、[窗選]或[區域]等功能選取圖素，但這裡示範以[區域]來選取圖素。選取方式更改成[區域]，移動游標在 P1 位置(在要選取圖素的內部)按下滑鼠左鍵，類矩形邊線會變成黃黑色斑馬紋，表示這封閉的圖形已被選取。選取[結束選取]。

(3) 圖素方法選取[複製]。

(4) 設定旋轉中心點：選取 P2 位置(沒有設定的話，內建為原點)。

(5) 實例次數輸入 3，角度輸入 90 度，距離選擇之間的角度，方法選擇旋轉(如圖 7-4-3)。選取[確認]鈕，結束對話窗的設定。

(6) 在繪圖區即產生旋轉新圖素。原來被選取的圖素以紅色表示(群組圖素)，新圖素則以粉紅色顯示(結果圖素)。

(7) 換向是只有時旋轉的角度剛好相反時可以利用換向來改變旋轉方向，也可以用來兩邊同時旋轉來產生圖素。

7-5　投影

　　壓扁 (投影) 這 功 能 在 Mastercam X 版 之 前 的 版 本 原 來 是 放 在 C-Hooks(squash.dll)，經過修改後放到轉換功能表。它可以將空間中的點、直線、圓弧和曲線投影到目前系統的構圖面，並且可以指定新圖素的 Z 軸位置(如圖 7-5-1，上面的立體圖朝構面面俯視圖壓平(投影))。而且它有個好處，可以自動刪除重覆圖素。在執行壓平時的構圖面就是壓平(投影)方向，所以執行這指令時要注意構圖面。

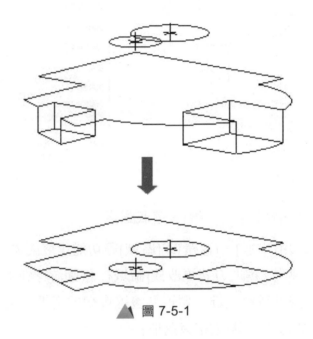

▲ 圖 7-5-1

操作步驟

(1) 選取[轉換]→[轉換]→[投影]。

(2) 選取要投影的圖素(只能選取線架構圖素)後，選取[結束選取]。

(3) 投影對話視窗(如圖 7-5-2)，內容說明如下：

投影到深度：將一曲線(包含空間曲線)投影至設定的 Z 軸深度。

投影到平面：將一曲線(包含空間曲線)投影至設定的平面，如圖 7-5-3 所示。

投影到曲面 / 實體：將一曲線(包含空間曲線)投影至設定的曲面 / 實體，如圖 7-5-3 所示。

投影至曲面

投影至平面

△ 圖 7-5-2　　　　　　　　　　△ 圖 7-5-3

7-6　移動到原點

　　指定繪圖區上某一個點當基準點,基準點會與系統原點重合,並將所有圖素保持彼此間的相對距離隨著基準點一起移動到新的位置。

操作步驟 (以圖 7-6-1 為例)

1. 選取[轉換]→[轉換]→[移動到原點]。

2. 點選 P1 點,繪圖區所有圖素會維持相對應關係一起移動,P1 點會移動至系統原點。

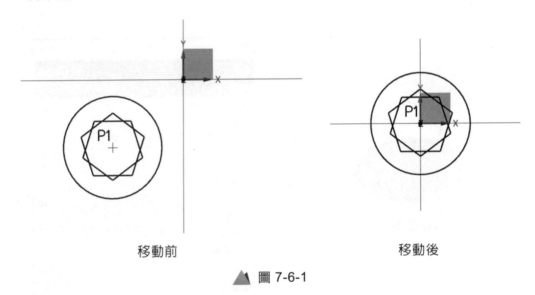

移動前　　　　　　　　　　　　　移動後

▲ 圖 7-6-1

7-7　鏡像

　　這個功能可以由被選取圖素相對於一軸(可以是 X 軸、Y 軸、一直線或兩點)產生相對稱的圖素;使用者可以對所有的圖素和尺寸標註作鏡像,當選取的圖素包含尺寸標註的註解文字或標籤(就是註解文字加引導線)時,可以設定文字是否要鏡像以避免文字上下顛倒。

操作步驟 (以圖 7-7-1 為例)

(1) 選取[轉換]→[轉換]→[鏡像]。選取圖素。

(2) 使用者可以用[串連]、[窗選]或[區域]等功能選取圖素,但在這裡以[串連]來選取圖素。選取[串連],移動游標在 P1 位置選取圖素,類似三角形應會變成黃黑相間的斑馬線,表示這封閉的圖形都被選取。

(3) 選取向量,以該段直線為鏡射參考軸線。

(4) 對話視窗如圖 7-7-2。這些選項說明如下:

(5) 在鏡像對話窗中選取[複製](如圖 7-1-1)後,選取[確定]鈕結束對話窗的設定。

(6) 在繪圖區即產生鏡像新圖素。原來被選取的圖素以紅色新圖素則以粉紅色顯示。

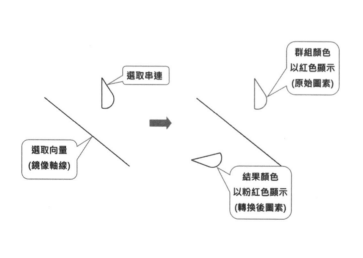

▲ 圖 7-7-1

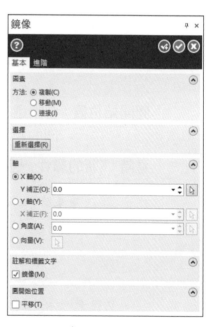

▲ 圖 7-7-2

複製:將被選取的圖素複製到新的位置上,而且保留原來的被選取的圖素。

移動:將被選取的圖素移動到新的位置上。

連接：複製被選取的圖素到新位置並保留原來被選取的圖素以外，*Mastercam* 會在原來圖素和新圖素之間的端點產生直線(平移、鏡像時產生直線；用於旋轉時產生圓弧)。這選項常用於畫 3D 線架構圖形時使用。

選擇(重新選擇)：增加 / 移除圖形。畫面會提示『選擇圖素』時，可點選想要增加的圖像，或點想要在選取的圖形中取消選取。

X 軸 / Y 補正：以 X 軸當鏡像軸，輸入 Y 軸座標決定鏡像軸線位置。

Y 軸 / X 補正：以 Y 軸當鏡像軸，輸入 X 軸座標決定鏡像軸線位置。

角度：以角度定義鏡像軸，來鏡射圖素。

向量：可以選取鏡像中心線的第一點，選擇直線或是實體邊界來定義鏡像軸。

註解和標籤文字：當選取的圖素包含尺寸標註的註解文字或標籤時，這檢查項目會開啟，以供使用者決定是否要將標籤和註解文字鏡像以避免文字上下顛倒。這檢查項目沒有打勾時，註解文字會移動或複製，但不會上下顛倒(如圖 7-7-3 的左圖)，如果有打勾時，則不考慮文字是否會顛倒而作鏡像(如圖 7-7-3 的右圖)。
註：標籤和註解文字都是由尺寸標註產生的圖素。

圓開始位置：當被選取的圖素包含全圓或圓弧，使用者可決定是否要保留圓的起始點位置。

進階：『新的屬性』選項有打勾時，轉換後新圖素會以下列新設定的屬性。

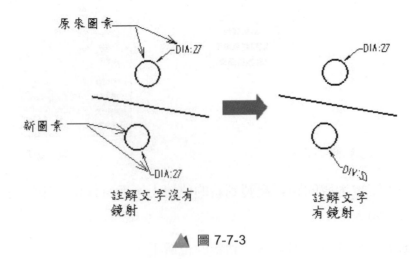

▲ 圖 7-7-3

7-8 單體補正

單體補正功能會選取單一圖素，作法線方向和一補正距離來產生與被選取圖素等距的圖素(如圖 7-8-1)。適用的圖素有直線、圓弧和曲線。

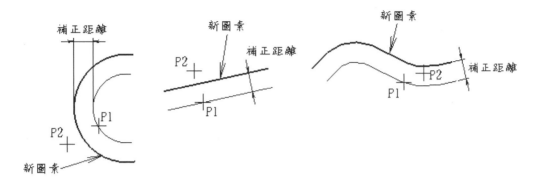

▲ 圖 7-8-1

操作步驟 (以圖 7-8-1 為例)

(1) 選取[轉換]→[補正]→[單體補正]。

(2) 功能開啟單體補正對話視窗(如圖 7-8-2)，說明如下：

▲ 圖 7-8-2

複製：將被選取的圖素複製到新的位置上，而且保留原來的被選取的圖素。

移動：將被選取的圖素移動到新的位置上。

連接：複製被選取的圖素到新位置並保留原來被選取的圖素以外，*Mastercam* 會在原來圖素和新圖素之間的端點產生直線(平移、鏡像時產生直線；用於旋轉時產生圓弧)。這選項常用於畫 3D 線架構圖形時使用。

U 型槽：被選取圖素是複製狀態，並產生一 U 形槽。

次數：補正的次數。

距離：補正的距離。

方向：切換移動或複製圖素的方向。

(3) 設定方法：**複製**。

(4) 輸入**次數**和**距離**後，選取圖素。

(5) 在繪圖區選取一直線、圓弧或曲線(如圖 7-8-1 所示的 P1)。

(6) 在選取圖素的一側按下滑鼠左鍵((如圖 7-8-1 所示的 P2)以指示補正方向。即產生補正圖素。

補充說明：

1. 補正距離僅可以輸入正值。

2. 由於曲線的數學架構，*Mastercam* 無法直接對曲線作補正運算並且維持它的三次式架構。所以 *Mastercam* 先將選取的曲線以**曲線打成線段之容差**的值打斷成許多直線，然後補正修剪這些直線，再產生經過直線端點的曲線作為補正曲線。

3. 有折角的 3D 曲線作補正打成線段的過程中，直線間常有間隙產生。**最大深度差**決定 *Mastercam* 如何連接間隙。最大深度差的預設值是 0.005，如果補正後曲線的轉折太明顯，將最大深度差設大一點，可以改善。

7-9　串連補正

　　單體補正只能一個一個地選取圖素作補正，如果二個相鄰且形成折角的圖素單體補正之後，可能還必須修剪延伸(如圖 7-9-1)。本節介紹的串連補正經由串連圖素的選取，可以一次完成外形輪廓的補正，甚至還可以控制補正外形產生的 Z 軸位置，以上下二輪廓來形成有錐度角的立體線架構(如圖 7-9-2)。

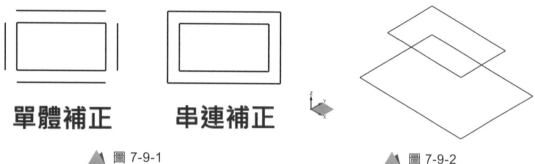

▲ 圖 7-9-1　　　　　　　　　　　　　　　　▲ 圖 7-9-2

操作步驟 (以圖 7-9-3 為例)

(1) 從主功能表選取[轉換]→[補正]→[串連補正]。

(2) 開啓串連補正對話窗，請將對話內容設定如圖 7-9-4。這裡的參數說明如下：

複製：將被選取的圖素複製到新的位置上，而且保留原來的被選取的圖素。

移動：將被選取的圖素移動到新的位置上。

連接：複製被選取的圖素到新位置並保留原來被選取的圖素以外，*Mastercam* 會在原來圖素和新圖素之間的端點產生直線(平移、鏡像時產生直線；用於旋轉時產生圓弧)。這選項常用於畫 3D 線架構圖形時使用。

U 型槽：被選取圖素是複製狀態，並產生一 U 形槽。

選擇：增加／移除圖形。

次數：補正的次數。

距離：補正的距離。

深度：設定補正的深度。

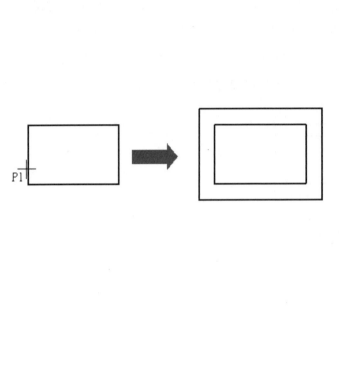

▲ 圖 7-9-3 　　　　　　　　　　　　　　▲ 圖 7-9-4

補正深度會因**絕對座標**和**增量座標**的選擇而有不同的意義也會產生不同結果：

絕對：選取絕對時，補正深度值作為補正圖素產生的 Z 軸位置。系統會
忽略被選取圖素深度方面的變化，它的計算程序就像先將 3D 曲線
壓平後，作左或右補正計算再將補正後圖素移到補正深度值所設的
Z 軸座標。所以它會產生一 2D 補正外形，即使串連圖素是 3D 曲
線。(如圖 7-9-5)

增量：選取**增量**時，串連外形除了依補正距離往 XY 方向補正外，還會往
補正深度所設定的作 Z 軸方向補正。補正深度是正值時，往圖素的
正 Z 方向作補正；補正深度是負值時，則往圖素的負 Z 方向。
(如圖 7-9-6)

補正深度值：0，絕對座標，產生的
圖素被壓平，移到Z0座標。

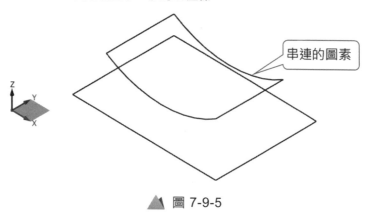

串連的圖素

▲ 圖 7-9-5

補正深度：-5，增量座標

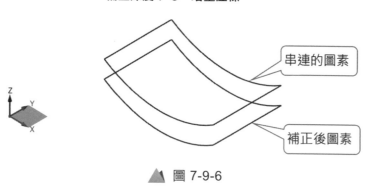

串連的圖素

補正後圖素

▲ 圖 7-9-6

角度：這個選項必須是有設定補正深度，以及串連圖素是 2D 才有效。此
選項是設定被選取的圖素，依照補正距離及補正深度，所產生上下
二輪廓來形成錐度角。補正距離和補正深度及角度三者的關係如圖
7-9-7 所示。

方向：切換移動或複製圖素的方向。

角落修改圓角：二相鄰圖素相接點的切線角度不同時，這相接點稱為**角
落**。而有角落的圖形朝外補正時，二相鄰圖素間會有間
隙。這[**角落設定**]是設定這間隙如何處理。

尖角：轉角處二個相鄰圖素在朝外補正時，角度小於或等於 135 度時，系
統在轉角處自動產生一個切弧以連接二個圖素。若角度大於 135 度
時，系統在轉角處自動修剪延伸並不會產生切弧。(如圖 7-9-8)

所有：轉角處二個相鄰圖素在朝外補正時，系統在轉角處自動全部產生切弧。

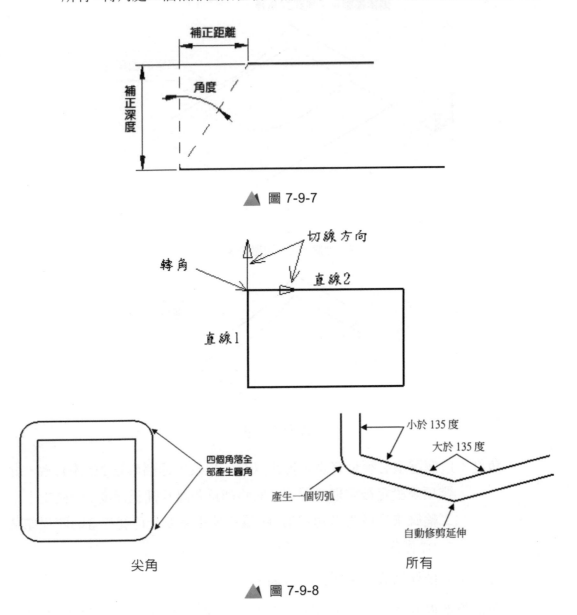

▲ 圖 7-9-7

▲ 圖 7-9-8

(3) 選取對話窗的[確認]鈕，即產生補正圖素(如圖 7-9-9)

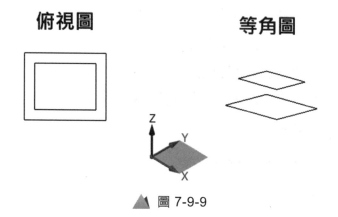

俯視圖　　　　**等角圖**

▲ 圖 7-9-9

比例

[比例]這功能可以將圖形以某一基準點作縮小放大。其功能對話視窗(如圖 7-10-1)說明如下：

▲ 圖 7-10-1

複製：將被選取的圖素複製到新的位置上,而且保留原來的被選取的圖素。

移動：將被選取的圖素移動到新的位置上。

連接：複製被選取的圖素到新位置並保留原來被選取的圖素以外,*Mastercam* 會在原來圖素和新圖素之間的端點產生直線(平移、鏡像時產生直線;用於旋轉時產生圓弧)。這選項常用於畫 3D 線架構圖形時使用。

選擇：增加 / 移除圖形。

參考點：定義比例縮放基準點。

次數：比例縮放的次數。

樣式：區分等比例縮放及依照軸不等比例縮放。

等比例：整體縮放以倍率計算或百分比計算。

依照軸：可依照軸向不等比例縮放以倍率計算或百分比計算。

新的屬性：選項有打勾時,轉換後新圖素會以下列新設定的屬性。

點選 圖像:從對話窗選擇顏色。

點選 圖像:從對話窗選擇層別。

比例分為二種方式:三軸等比例和三軸不等比例(如圖 7-10-2)。基準點的選取影響圖形縮放的位置。圖 7-10-3 顯示不同的基準點產生不同的結果。

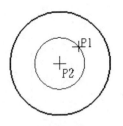

以等比例
2倍放大

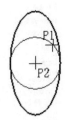

以不等比例 放大

X軸:1

Y軸:2

Z軸:1

圖 7-10-2

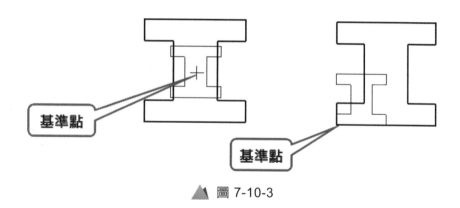

▲ 圖 7-10-3

等比例的操作步驟：(以圖 7-10-2 左圖為例)

1. 在功能表上選取[轉換]→[比例]→[比例]。

2. 選取要縮放的圖素：在 P1 位置選取小圓後，選取[結束選取]選項，結束圖素的選取。

3. 提示區要求指定縮放的基準點：選取圓心點 P2。

4. 系統開啟比例對話窗，方法請選取[複製]，樣式請選擇[等比例]，縮放次數請輸入 1 次，縮放之比例請輸入 2 (如圖 7-10-1)。選取[確認]鈕，結束對話窗的設定。

5. 在繪圖區即產生放 2 倍的新圖素。原來被選取的圖素以紅色顯示、新圖素則以粉紅色顯示。

不等比例的操作步驟：(以圖 7-10-2 右圖為例)

1. 選取[轉換]→[比例]→[比例]。

2. 選取要縮放的圖素：在 P1 位置選取小圓後，選取[結束選取]選項，結束圖素的選取。

3. 提示區要求指定縮放的基準點：選取圓心點 P2。

4. 開啟比例對話窗，方法請選取[複製]，樣式請選擇[依照軸]，縮放次數請輸入 1 次，X 和 Z 方向比例請設定為 1，Y 方向比例請輸入 2 (如圖 7-10-4)。選取[確認]鈕，結束對話窗的設定。

5. 在繪圖區即產生放 2 倍的新圖素。原來被選取的圖素以紅色顯示、新圖素則以粉紅色顯示。

▲ 圖 7-10-4

7-11　習題

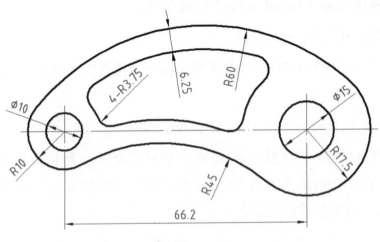

▲ 圖 7-11-1

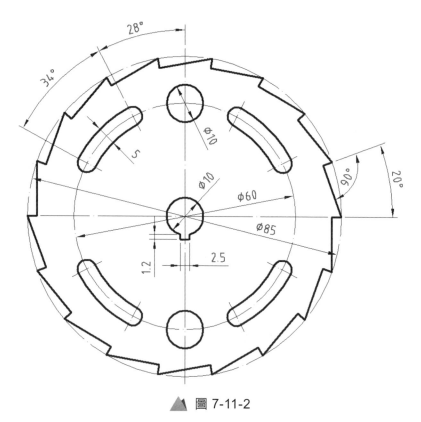

▲ 圖 7-11-2

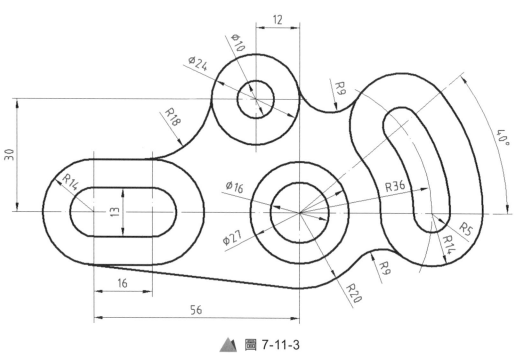

▲ 圖 7-11-3

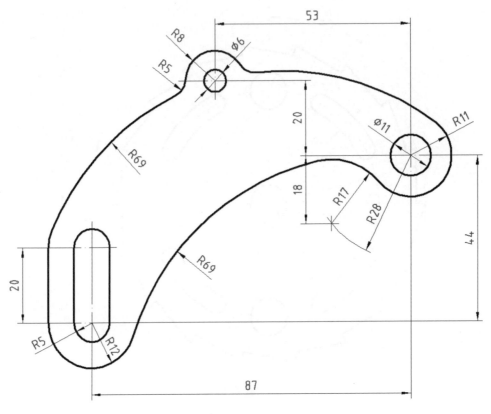

▲ 圖 7-11-4

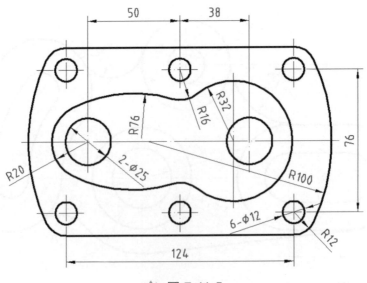

▲ 圖 7-11-5

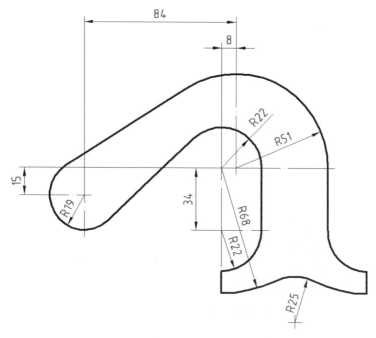

▲ 圖 7-11-6

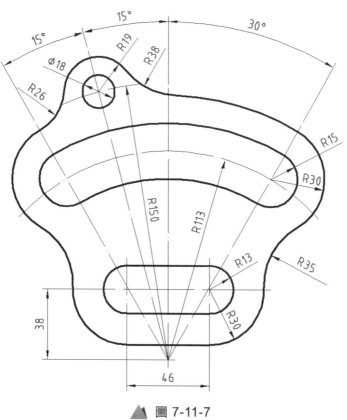

▲ 圖 7-11-7

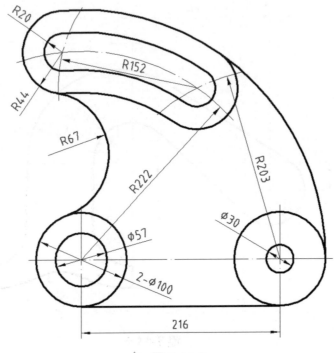

▲ 圖 7-11-8

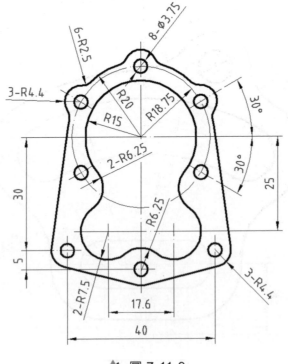

▲ 圖 7-11-9

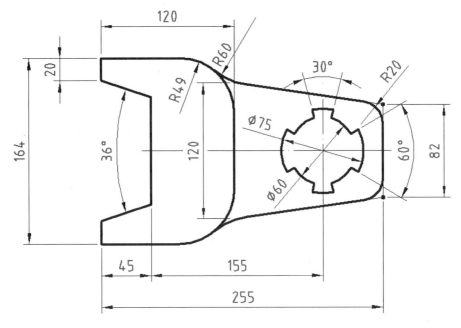

▲ 圖 7-11-10

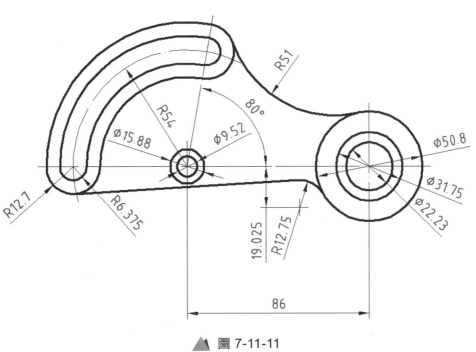

▲ 圖 7-11-11

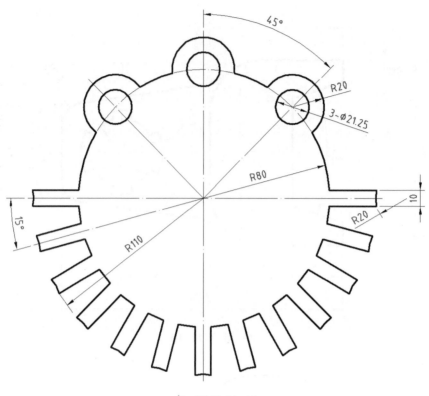

▲ 圖 7-11-12

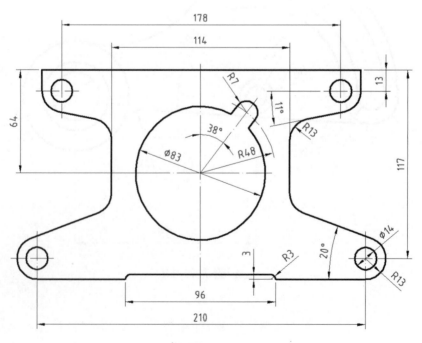

▲ 圖 7-11-13

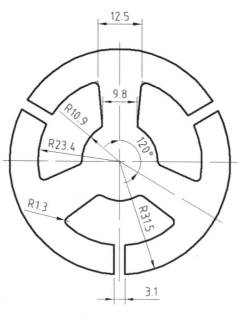

▲ 圖 7-11-14

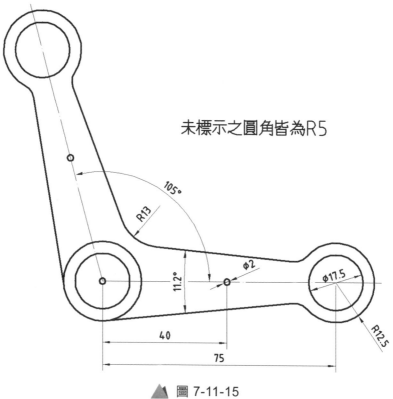

未標示之圓角皆為R5

▲ 圖 7-11-15

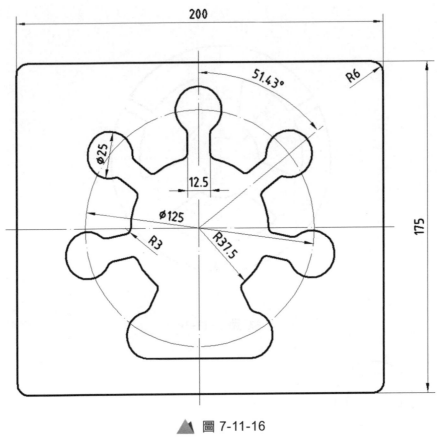

▲ 圖 7-11-16

圖形檢查

學習目標

1. 了解分析的功能

2. 了解如何檢查圖形

8-1　簡介

　　在繪圖當中或完成後，我們必須作圖面檢查以確保圖形尺寸的正確，否則要是以錯誤的圖形來作加工，損失的可不只是時間而已。所以圖形畫好之後一定要作檢查，不要因小失大。

　　在 Mastercam 檢查圖形的方法可以使用尺寸標註，將圖形作尺寸標註；或是使用分析的功能來分析點和點之間距離、線長、角度、直徑等等。本節將介紹 Mastercam 分析的功能。

8-2　分析功能

　　以圖 8-2-1 為例說明分析的功能。請掃描 QRcode\範例圖檔\第 8 章中讀取檔名為[問題圖檔.mcam]的圖檔。

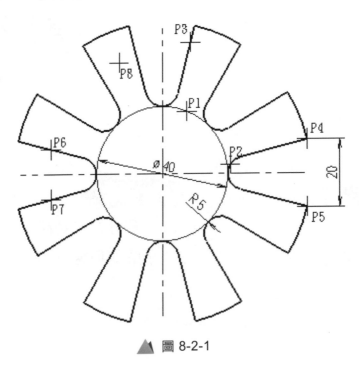

▲ 圖 8-2-1

從[首頁]→[分析]，其功能包含圖素分析、距離分析、刀具路徑分析、動態分析、角度分析、串連分析、實體檢查…(如圖 8-2-2)

說明如下：

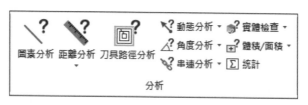

圖 8-2-2

圖素分析說明如下：

　　圖素分析功能啟用狀況下，在繪圖區選取圖素即可檢視該圖素的屬性。例如，在圖 8-1-1 選取 P1 位置的圓，會出現圓的有關屬性資料(如圖 8-2-3)。

1. **編輯資料：**如果想修改剛剛選取的 P1 圓的尺寸、位置或屬性，出現分析對話窗(如圖 8-2-4)；對話窗也是顯示 P1 圓的有關資料，只不過使用者可以修改這些數據和屬性。例如：將直徑：40 改為 30，選取[確認]鈕。繪圖區的 P1 圓會改為直徑 30 的圓。

2. **點屬性：**點選繪圖區上某一存在點，會出現如圖 8-2-4 所示的點屬性對話視窗，顯示該存在點的座標位置及相關屬性。

3. **線屬性：**點選繪圖區上某一線段，會出現如圖 8-2-5 所示的線屬性對話視窗，顯示該線段的起始點、終止點位置及其相關屬性。

4. **NURBS 曲線屬性：**點選繪圖區上某一曲線，會出現如圖 8-2-6 所示的 NURBS 曲線屬性對話視窗，顯示該曲線的起始點、終止點位置及其相關屬性。

圖 8-2-3

▲ 圖 8-2-4

▲ 圖 8-2-5

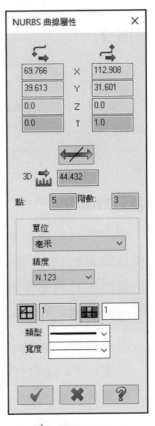

▲ 圖 8-2-6

5. **NURBS 曲面屬性**：點選繪圖區上某一曲面，會出現如圖 8-2-7 所示的 NURBS 曲面屬性對話視窗，顯示該曲面的控制點、階數及其相關屬性。

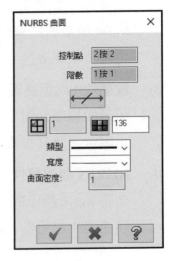

▲ 圖 8-2-7

距離分析說明如下：

分析兩個圖素之間的距離、兩點之間的距離。操作步驟：(以圖 8-2-1 爲例)

1. 選取[首頁]→[分析]→[距離分析]。

2. 請指定第一點：選取 P4 端點。

3. 選取 P5 端點。

4. 對話視窗顯示二點距離如圖 8-2-8。

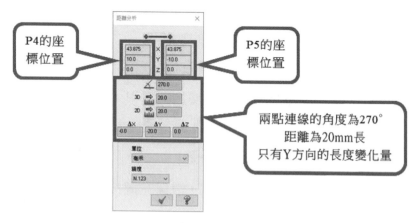

▲ 圖 8-2-8

角度分析說明如下：

分析二直線間或三點所構成的角度。操作步驟：(以圖 8-2-1 爲例)

1. 選取[首頁]→[分析]→[角度分析]。

2. 請選擇第一條線：選取 P6 圖素。(不要鎖到點)

3. 請選擇第二條線：選取 P7 圖素(如下圖)。

4. 對話視窗顯示二線角度如圖 8-2-9。

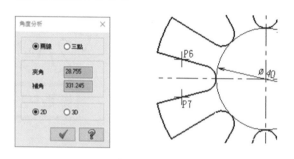

▲ 圖 8-2-9

動態分析說明如下：

　　這功能較常用於分析曲面半徑及拔模角。

串連物體說明如下：

　　初學者最常碰到無法將圖素正確的串連選取。佔大部的原因是圖形有問題。要用來產生刀具路徑或建立曲面的線架構圖形中，最好沒有重複圖素、兩相鄰圖素共同端點要相接、沒有長度小於串連公差的短圖素、兩圖素相交處一定要打斷等等。這功能可以找出圖素的問題點(如短圖素、圖素重疊、部分重疊或沒有打斷等等)。將以下步驟來說明這[串連物體]的功能。

1. 請掃描 QRcode\範例圖檔\第 8 章中讀取檔名為[問題圖檔.mcam]的圖檔。

2. 讀者會發現無法一次串連起來，用**區域**選圖素根本無法選取圖素，而且光用放大目視根本看不出問題出在那裡。下面是檢查的步驟：

3. 選取[首頁]→[分析]→[串連分析]→**[窗選]**。

4. 請指定視窗的第一個角：選取 P1 位置，滑鼠左鍵按壓不放(窗選模式：矩形、範圍內)(如圖 8-2-10)。

5. 請指定視窗的第二個角：選取 P2 位置。

6. 輸入串連起始點：選取 P3 位置。

7. 選取[確認]。

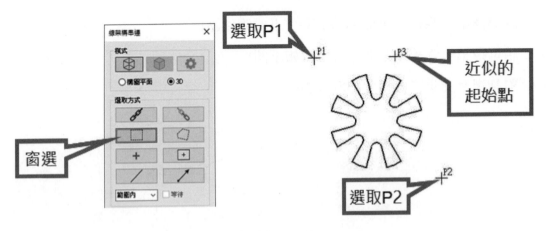

圖 8-2-10

8. 顯示[串連分析]對話窗，請先將對話窗內容設定如圖 8-2-11，裡面的功能說明如下：

(1) **重疊的圖素**：[顯示]有打勾時，系統會尋找重疊圖素；沒有打勾則不尋找。尋找重疊圖素分二種模式：一是[快速產生]；另一是[完整顯示]。請儘量選取[完整顯示]。找到重疊圖素時，會在重疊圖素上顯示一紅色小圓。

(2) 反向：**[顯示]**有打勾時，會檢查相鄰圖素之間的切線向量變化。當切線向量變化大於[最小角度]值時會在轉角處顯示一個黃色點。**筆者常將[最小角度]設為 0.1 度，借以檢查圖素之間是否平滑。**

(3) 短小圖素：**[顯示]**有打勾時，會檢查長度小於[允許顯示最大長度]值的圖素。如有圖素長度小於[允許顯示最大長度]值時，在短圖素會顯示**藍色小圓**。這功能常用於找出長度小於串連公差值的短圖素。

(4) **在每條串連起點顯示箭頭**：會在每個串連起點顯示箭頭。這樣可以看出圖素之間那裡有間隙。

(5) **在問題的區域建立圖形**：會在有重疊圖素上產生一**紅色小圓**；在方向反轉的位置產生黃色存在點。

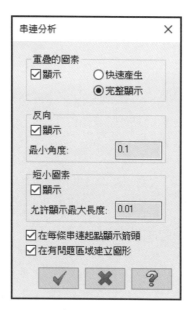

▲ 圖 8-2-11

9. 對話窗設定好之後，選取[確認]鈕。

10. 對話視窗報告檢查結果及畫面如圖 8-2-12 和圖 8-2-13。

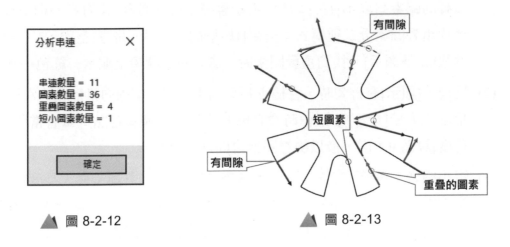

▲ 圖 8-2-12　　　　　　　　　　　　▲ 圖 8-2-13

09

刀具參數

學習目標

1. 了解 Mastercam 產生 NC 程式的流程

2. 了解工作設定的功能

3. 了解刀具參數的設定

9-1　簡介

　　前面幾個章節介紹了 2D 線架構繪圖功能，讀者應具備了 2D 繪圖能力；而使用 Mastercam 最主要的目的，是從圖形產生 NC 加工程式。本書將從這一章起介紹如何在 2D 圖形產生 CNC 加工中心機(或銑床)所需要的 NC 程式及相關的功能。

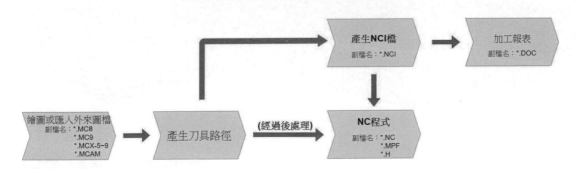

　　從上面的流程圖知道，從圖形產生刀具路徑後，可以直接產生 NC 程式；也可以先產生 NCI 檔後，再產生 NC 程式。在 Mastercam V7 版之前，刀具路徑以文字檔的形式記錄在 NCI 檔；再將 NCI 檔經後處理轉成 NC 程式。在 Mastercam V8 版之後，刀具路徑不再以文字檔的形式儲存在 NCI 檔，而是以二進位的形式與圖形一起儲存在圖檔中。這樣有二個優點：一是 Mastercam 的運算效率較快，而且只要讀取圖檔，就可以看見刀具路徑。二是圖形與刀具路徑有關聯，只要圖形或加工參數有變更，馬上可以產生新的刀具路徑，不需要重新設定。

　　使用者要產生 NCI 檔也可以，畢竟它是歷史悠久的產物，習慣於舊版操作方式的使用者仍然可以用 NCI 檔產生 NC 程式。

　　本章之後將介紹 Mastercam 2020 版提供的銑床加工功能如下所列：

1.　**外形銑削**：沿 2D 線架構外形輪廓或 3D 曲線產生刀具路徑。將在第 10 章介紹。

2.　**挖槽**：在 2D 封閉或非封閉式外形輪廓所圍的面積內作平面加工。在第 11 章介紹。

3.　**鑽孔**：由圖面上的存在點或圓產生鑽孔程式。將在第 12 章介紹。

4. **全圓路徑：**可由一圓產生適合圓孔加工的刀具路徑。在第 13 章介紹。

5. **路徑轉換：**可以刀具路徑作平移、旋轉或鏡射的處理。在第 14 章介紹。

9-2 準備工作

一、決定程式原點

在編製刀具路徑之前，首先要決定 NC 程式的原點(0,0,0)位置，如果沒有特別的設定(如設定 WCS)，基本上 Mastercam 的原點(0,0)就是程式原點位置。原點位置必須設定在 CNC 操作人員容易量測的地方，如：圓孔中心、矩形的角落、矩形的中心等等。如果圖形的原點位置不適合做 NC 程式的原點，請移動圖形(如圖 9-2-1)。(其實 Mastercam 可以讓使用者自設 NC 程式的原點，不見得一定要移動圖形，為了讓初學者對圖形原點和機台工件原點之間有較深的了解，才作這樣的要求)。

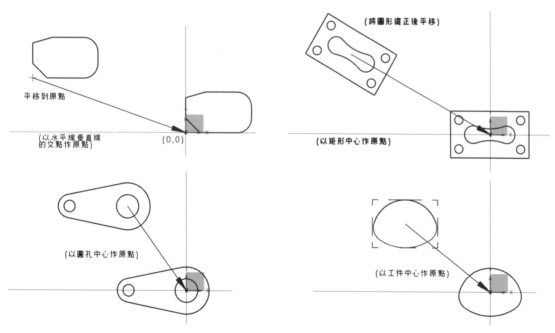

▲ 圖 9-2-1

二、機器型式設定

　　Mastercam 內定值為設計模組，因此要加工之前須先選擇機器類型。從功能表頁籤選取[機器]→[機器類型]→[銑床]→[預設值]。[刀具路徑管理器]會出現[機器群組]→[屬性](如圖 9-2-2)，[屬性]內可以設定重新選取機器定義檔、後處理、刀具庫、操作庫、操作預設庫、進給速率計算模式、刀號模式、加工材質、模擬素材設定。而這些內容說明如下：

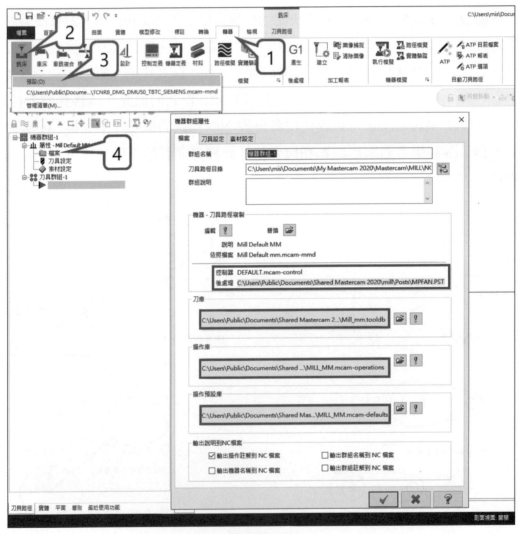

圖 9-2-2

1. **機器定義檔／後處理**：機器定義檔通常會搭配專屬的後處理文件，後處理器的功用是將刀具路徑轉換成 CNC 控制器使用的 NC 控制碼。不同廠牌的控制器所使用的 NC 控制碼可能不盡相同。以往 Mastercam 公司在 2017 版之前內建了八十幾種後處理器，但從 2018 版以後，僅提供預設機器定義檔，搭配 Mpfan.pst 後處理文件，此後處理適用於 FANUC 和三菱系列的控制器，如西門子控制器具備 G291 功能，也可行進行小幅度修改，即可讓西門子控制器的機具設備運行。如果使用其它廠牌的控制器如：OKUMA(日本)、Heidenhain(德國)、Siemens(德國)等等，請選取其適用的後處理器。

2. **刀庫**：可選取事先建立好的刀具庫檔案，設定為此機器群組所使用之刀具庫。

3. **操作庫**：可選取事先建立好的操作步驟，匯入機器群組用以簡化操作流程。

4. **操作預設值**：使用者可依據自己的習慣用法，自行定義加工參數的選項及數據。

5. **輸出說明到 NC 檔案**：可將註解、群組名稱、機器名稱、群組註解等資料輸出到 NC 檔案中，但請輸入英文和數字，除非你的控制器可以接受中文字。

6. **預設程式號碼**：可以設定 FANUC 和三菱系列的控制器程式檔案，(例：OXXXX)。

7. **進給速率設定**：設定轉速和進給速率的產生來源，一是依據[材質]，另一個是依據刀具的設定。加工時的主軸轉速和進給速率，Mastercam 會自動為使用者計算或輸入。使用者如需要 Mastercam 自動依加工件的材質計算刀具的轉速和進給速率，請選取[材質]，但必須先指定材質名稱。如果要使用定義刀具時所設定的轉速和進給速率，請選取[依照刀具]。(如圖 9-2-3)。

8. **調整圓弧進給速率(G02/G03)**：這參數打勾時，Mastercam 對圓弧路徑(G02/G03)會降低進給速率(從圓弧起點開始)，調整的進給速率，最大值不會超過直線路徑的進給速率；最小值不會小於下面所設的**[最小進給速率]**。

9. **[最小進給速率]**：如果圓弧路徑的半徑小於或等於刀具半徑，會以這欄位設定的值作為進給速率。

圖 9-2-3

10. 刀具路徑設定：

(1) **按順序指定刀號**：有打勾時，會為新建立或從刀具庫選取的刀具依序(從 1 開始)賦予刀具號碼。

(2) **刀號重複時顯示警告訊息**：如果二個以上刀具有同一個刀具號碼，這參數會提出警告。

(3) **使用刀具的步進量、冷卻液等資料**：有打勾時，會將隨著刀具記錄的切削量、精修量和冷卻液等等資料載入刀具參數和加工參數中。

(4) **輸入刀號後，自動由刀具庫取刀**：除非 CNC 加工中心的刀庫之刀具是以固定刀具排列，這參數才可以打勾。而且要用這參數的條件是必須先為刀具庫內的刀具編排號碼，才可以在"刀具參數"輸入刀具號碼時找得到刀具。

11. **材質：**選擇工件的材質。選擇工件材質主要目的是爲了讓 Mastercam 依材質
    自動計算刀具的轉速和進給速率。所以如果轉速和進給速率想依材質計算
    時，請選取一種材質。如果轉速和進給速率想由刀具指定，可不用選取材質。
    選取材質的步驟如下：

    (1) 選取材質右邊的[選取…]圖示，開啓材料表對話窗(如圖 9-2-4)。

    (2) 先將[毫米]參數打勾，表示只顯示以毫米爲單位的材質。

    (3) 在原始中選取[銑床-材料庫]，表示要從材料庫中選取材質。

    (4) 在材料列示區列出材料庫中單位毫米的所有材料(如圖 9-2-4)。Mastercam
        內建的材料大項有：Aluminum(鋁)、Copper(銅)、Graphite(石墨)、Iron(鐵)、
        Magnesium(鎂合金)、Molybdenum(鉬合金)、Steel(鋼)、Titanium(鈦合金)
        和 Plastic(塑膠)等等。選取一材質後(會反藍)，選取[確認]，完成材質的
        選取。

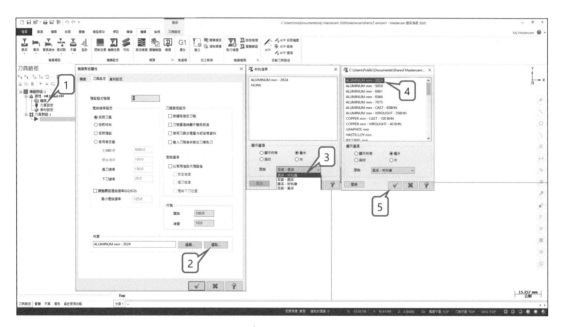

▲ 圖 9-2-4

12. **素材設定：**方法區分爲：立方體、圓柱體、實體、檔案(STL)。

13. **以立方體設定為例**：設定和顯示要加工素材的大小說明如下：(如圖 9-2-5)

(1) 在對話窗中的 **X、Y、Z** 和**素材原點**等欄位是讓使用者輸入素材的長、寬、高和素材原點的座標，以設定素材的大小和位置。

(2) **[顯示]** 有打勾的話，在繪圖區以紅色方盒或紅色虛線代表素材。

(3) 使用者另外可在素材原點設定時以**[選擇原點]**鈕到繪圖區選取素材的插入點座標；也可以用**[選取對角]**鈕(在繪圖區選取矩形的二對角位置決定素材的 X,Y 長度)、**[邊界盒]**鈕或**[NCI 範圍]**鈕(以目前圖檔中刀具路徑的 XYZ 的範圍作為素材大小和位置的輸入值)。

註：由於 Mastercam 刀具路徑的運算並不考慮素材,素材只是僅供路徑模擬時目視參考。使用者可以不用設定素材尺寸，不影響刀具路徑的運算。

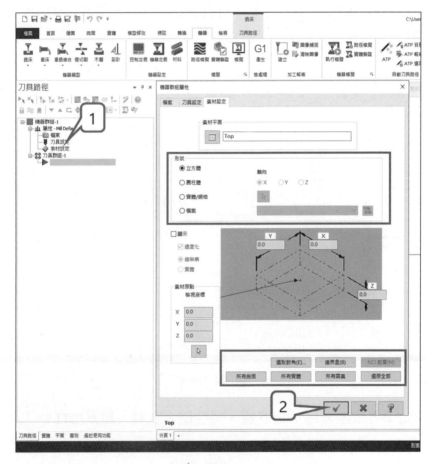

▲ 圖 9-2-5

三、控制定義管理員設定存為預設值

原工法參數預設值不見得符合每個使用者需求或習慣，我們可以自訂工作設定的預設值。

1. 設定預設操作參數的步驟

   (1) 先選取機器定義檔，[機器]→[機器類型]→[銑床]→[預設值]。

   (2) 從功能表選取[機器]→[機器設定]→[控制定義]，開啟讀檔視窗(如圖 9-2-6)，Mastercam 銑床的操作預設檔存放在\Shared Mastercam 2020\mill\Ops 資料夾中，這裡面有二個預設檔：Mill_MM.mcam-defaults(公制)和 Mill_Inch.mcam-defaults(英制)。請選取 Mill_MM.mcam-defaults。

2. 選取[預設操作]→[外形銑削]→[參數](如圖 9-2-6)。

3. 依據使用者習慣設定參數(如圖 9-2-6)。

4. 選取[存檔]鈕。

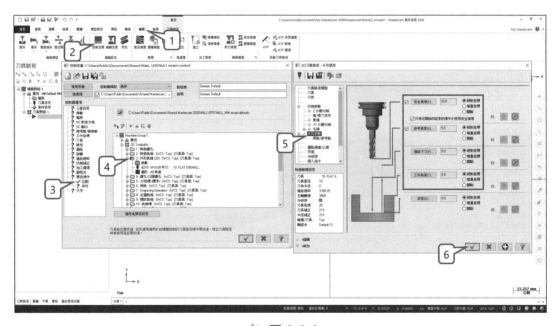

▲ 圖 9-2-6

9-3　[刀具路徑參數]的說明

不管以哪一個功能來產生刀具路徑，都必須設定[刀具路徑參數]標籤內的參數。所以本節先對[刀具路徑參數]作說明。

使用者在主功能表的[刀具路徑參數]選項中以一種加工功能(如[外形銑削]、[鑽孔]…等)選取加工圖形後，即進入刀具路徑設定對話窗；每一種加工功能的對話窗的設定內容不同，但一定有[刀具路徑參數]標籤(如圖 9-3-1 和 9-3-2)。[刀具路徑參數]標籤的內容說明如下：

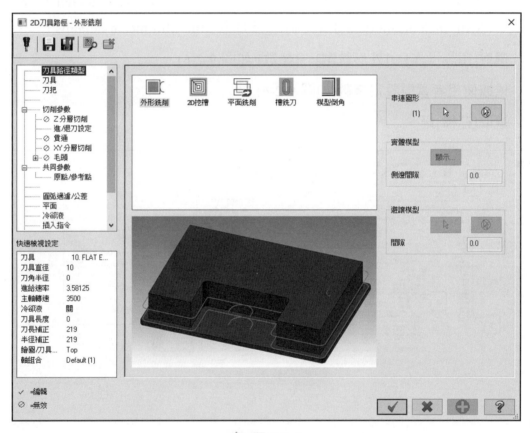

▲ 圖 9-3-1

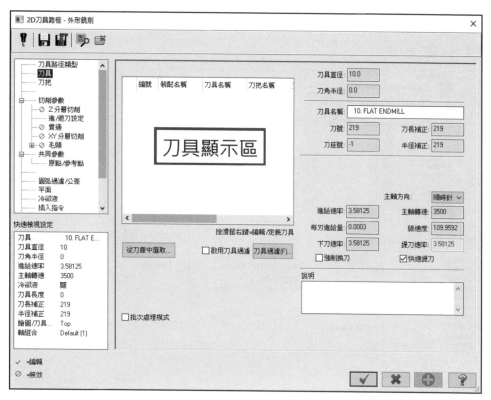

圖 9-3-2

一、刀具顯示區

刀具顯示區如圖 9-3-3 所示。顯示可以利用及已使用的刀具，主要是讓使用者選取目前加工功能所要用的刀具。在刀具顯示區沒有刀具可以選取時，有三種方式可以在刀具顯示區產生刀具；將游標移到刀具顯示區的空白處，按下滑鼠右鍵出現右鍵功能表(按下滑鼠右鍵所出現的功能表，統稱右鍵功能表)，在這右鍵功能表中有三個功能可供使用者產生刀具：**[從刀庫選取]**、**[建立刀具]**和**[刀具管理]**。**[建立刀具]**、**[從刀庫選取]**二個功能說明如下：

1. **建立新的刀具**：不從刀具庫選刀，而以定義刀具的方式產生刀具。選取這個功能，Mastercam 開啟[定義刀具]對話視窗的[刀具類型]頁(如圖 9-3-4)，建立新刀具。

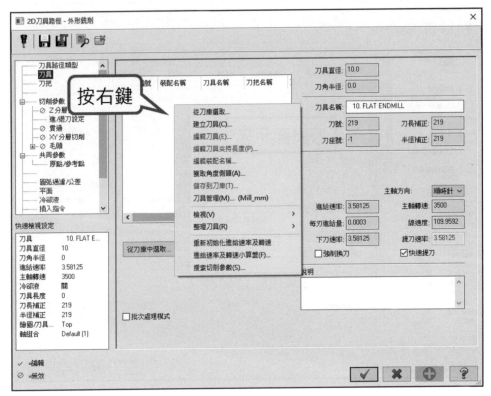

▲ 圖 9-3-3

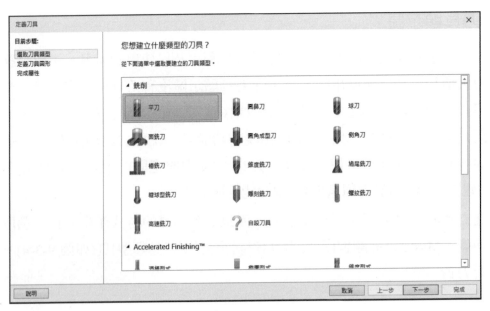

▲ 圖 9-3-4

2.	**選取刀具類型**：選取一種刀具類型後(如平刀)，對話窗切換到[定義-平刀](如圖 9-3-5)，請在『刀刃直徑』欄位中輸入刀具的直徑。至於『總長度』、『刀刃長度』、『刀尖／圓角類型』、『刀肩長度』、『刀肩直徑』、『刀桿直徑』等等其它的欄位參數並不會影響刀具路徑計算的結果(3D 路徑會)，但會影響刀具路徑模擬的刀具形狀。

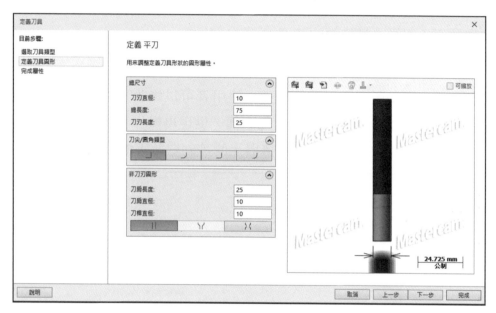

▲ 圖 9-3-5

其它屬性欄位(如圖 9-3-6)，說明如下：

刀號：設定在 NC 程式中所使用的刀具號碼。

刀長補正：設定刀長補正號碼，預設號碼等於刀具號碼。

半徑補正：設定刀具半徑補正號碼。當補正形式為『控制器或磨耗』時，此欄位才有輸出至 NC 程式中，來決定加工時補正的距離，要輸入在那一個補正號碼內。

刀座號碼：如果機器有二個以上的刀具庫時，可輸入此欄位來指定用使用那一個刀具庫。

線速度：Vc 值，用來計算刀具轉速。

每刃進給：每刃切削量，可用來計算進給速率。

刀刃數：刀具刀刃數量。

進給速率：刀具在 XY 方向的切削速度(mm / 分鐘)。

下刀速率：刀具在 Z 方向的下刀切削速度(mm / 分鐘)。

提刀速率：此欄位是設定刀具在提刀的速度。如果『快速提刀』有開啓(打勾)時則這個欄位無法使用。

主軸轉速：刀具主軸旋轉的速度(轉 / 分鐘)。

主軸方向：定義主軸順時針旋轉或逆時針旋轉。

刀具名稱：顯示所選取刀具的名稱。使用者可以修改刀具名稱，透過後處理在 NC 程式可以顯示此名稱，供現場操作人員參考，建議輸入英文和數字，因爲一般機器上的控制器並不能接受中文。

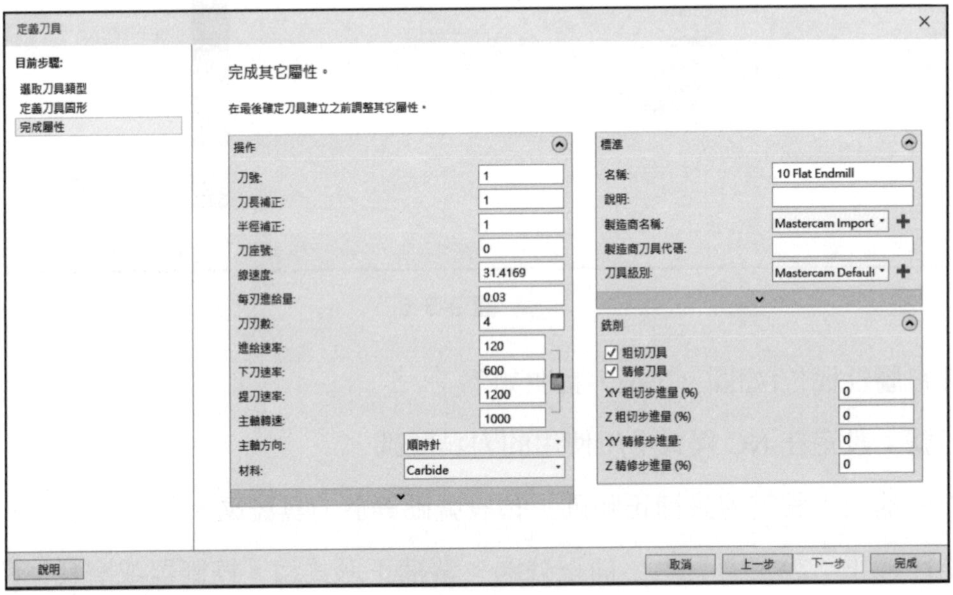

▲ 圖 9-3-6

3. **從刀庫選取**：從系統預設的刀具庫選取刀具。Mastercam 預設的刀具庫是 Mill_mm.tooldb，使用者可在裡面選取刀具。如果對 Mill_mm.tooldb 中的刀具不滿意，選取 ，**更換刀具庫**(如圖 9-3-7)，選取另一個刀具庫檔名；而從另一個刀具庫中選取刀具。使用者可以自訂幾個刀具庫，以這個功能來切換選刀。

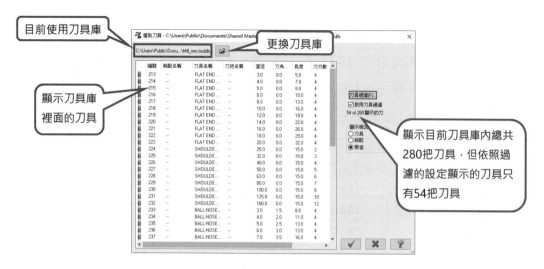

目前使用刀具庫

更換刀具庫

顯示刀具庫裡面的刀具

顯示目前刀具庫內總共280把刀具，但依照過濾的設定顯示的刀具只有54把刀具

▲ 圖 9-3-7

不管是以[建立刀具]選取刀具或是[刀具管理]產生的刀具，都會顯示在刀具顯示區(如圖 9-3-8)。

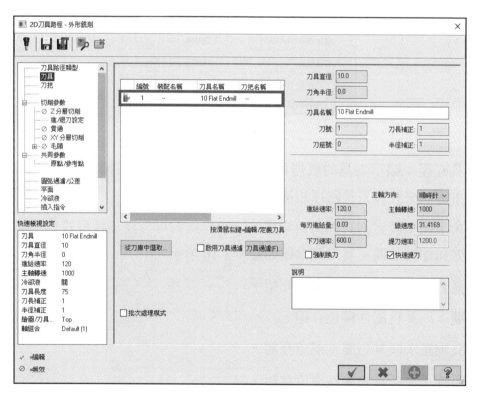

▲ 圖 9-3-8

二、刀具加工參數和 NC 程式的設定欄位

在刀具列示區下方計有 15 個欄位(如圖 9-3-9)，是設定目前加工功能所要的刀具尺寸、進給速率、轉速、NC 程式行號、冷卻方式等。如果在上一頁[定義刀具]對話視窗中，沒有在[完成其它屬性]頁面中設定刀具的轉數、進給速率等參數，在[刀具]頁面顯示目前這把刀的轉速、進給速率等等資料並不適當。使用者可以在目前這畫面中輸入刀具的加工參數。

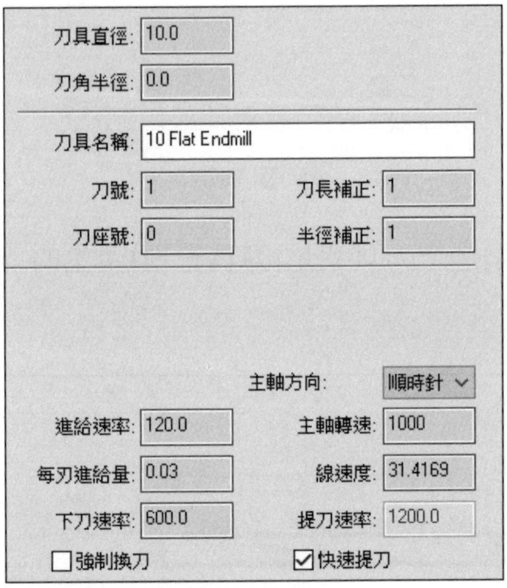

刀具直徑: 10.0
刀角半徑: 0.0

刀具名稱: 10 Flat Endmill
刀號: 1　刀長補正: 1
刀座號: 0　半徑補正: 1

主軸方向: 順時針
進給速率: 120.0　主軸轉速: 1000
每刃進給量: 0.03　線速度: 31.4169
下刀速率: 600.0　提刀速率: 1200.0
☐ 強制換刀　☑ 快速提刀

圖 9-3-9

1. **刀具直徑**：顯示刀具的直徑值。使用錐度銑刀時，請輸入小徑。Mastercam 是用這值來計算刀具路徑和補正量。

2. **刀角半徑**：設定刀具的刀角半徑。一般立銑刀可分為三種型式：平銑刀、圓鼻刀和球刀三種。其刀角半徑如圖 9-3-10 所示。

3. **刀具名稱**：同其它屬性欄位介紹。

4. **刀號**：同其它屬性欄位介紹。

5. **刀長補正**：同其它屬性欄位介紹。

6. **半徑補正**：同其它屬性欄位介紹。

7. **刀座號**：同其它屬性欄位介紹。

8. **主軸方向**：同其它屬性欄位介紹。

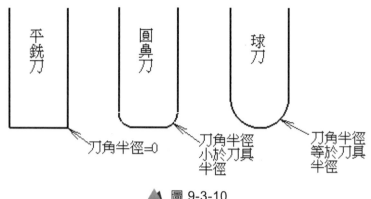

平銑刀　圓鼻刀　球刀

刀角半徑=0　刀角半徑小於刀具半徑　刀角半徑等於刀具半徑

▲ 圖 9-3-10

9.   **進給速率**：同其它屬性欄位介紹。

10. **每刃進給量**：銑刀每刃銑削量，可用來計算進給速率。

11. **線速度**：每分鐘切削速度 mm/min。

12. **提刀速率**：同其它屬性欄位介紹。

13. **下刀速率**：刀具緩降的進給速率。

14. **主軸轉速**：同其它屬性欄位介紹。

15. **強制換刀**：控制二條刀具路徑使用同一把刀具時，是否輸出換刀指令。

16. **快速提刀**：設定刀具在提刀時使用快速(G00)提刀(建議勾選)。

三、批次處理模式

[批次處理模式]在複雜龐大的 3D 曲面圖檔中計算刀具路徑，可能會花很長的時間。選取這選項(打勾)後，系統問完必要的條件後，不會馬上計算刀具路徑，反而會在操作管理員的 NCI 圖示上加上一"時鐘"的圖示🕐，表示這操作處於"批次模式"中。可待使用者將所有加工都安排好後，才進行刀具路徑的計算；這樣有個好處，使用者不用坐在電腦前苦苦等待刀具路徑的產生，可以直接編排下一個加工操作。

□批次處理模式

四、原點／參考點

[參考點]在換刀後，如果想指定刀具先移到某一位置再移到進刀點或加工後刀具先移到某位置後再提刀換刀，可以使用這功能。"**參考位置**"對話視窗是分為二部分(如圖 9-3-11)；一是進刀位置，另一是退出位置。

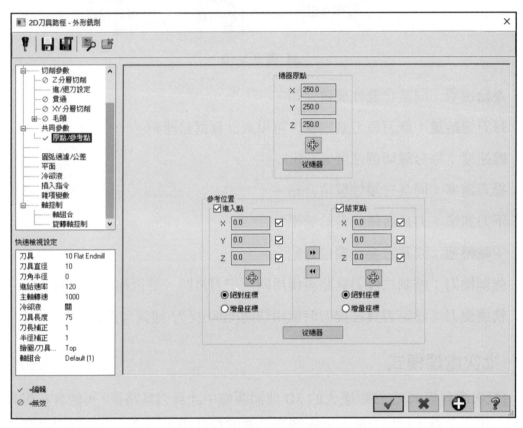

▲ 圖 9-3-11

五、圓弧過濾／公差

這功能可將在一定誤差內的點座標從刀具路徑中移除，同時以線及圓弧來取代這些點座標，一個經程式過濾的刀具路徑通常其加工時間會比沒有經程式過濾的刀具路徑來得短。(此功能常用於曲線加工)。

　　設定總公差，以這參數設定過濾的公差值。(如圖 9-3-12)系統會將一定誤差內的共線點或共弧點座標從刀具路徑中移除，同時以線及圓弧來取代這些點座標。這個程序會反覆連續直到整個刀具路徑完成程式過濾(如圖 9-3-13)。

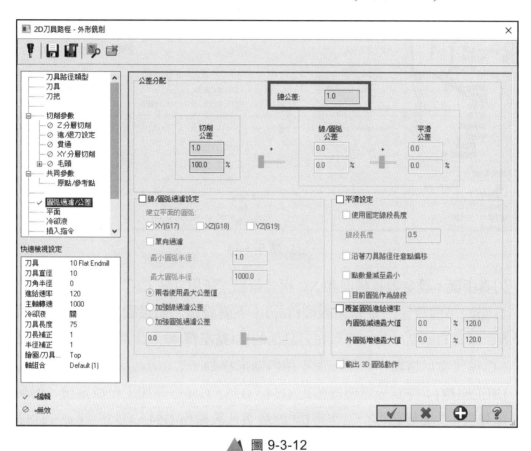

▲ 圖 9-3-12

▲ 圖 9-3-13

六、平面

用以設定刀具軸向和計算刀具路徑的補正方向的構圖面。對話窗分爲三區域：**刀具面、構圖**平面和工作座標系統(如圖 9-3-14)。

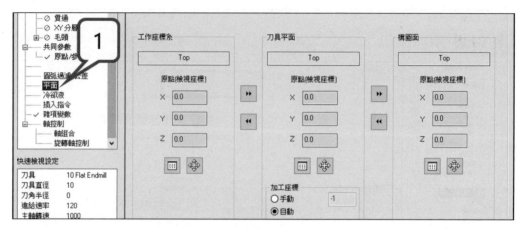

圖 9-3-14

1. **刀具平面：**設定刀具軸向和 NC 程式原點。使用立式 CNC 切削中心機時，刀具面的平面設定一定是俯視圖(Top)，不要設錯。如果圖形的系統原點不是 NC 程式的原點(0,0)，可以在刀具面的**[原點座標]**輸入作爲程式原點的座標，NC 程式會以這點作原點，而不用將圖形移動。

    [加工座標]：控制後處理器輸出 G54、G55、G56…等加工座標系統。如果[雜項變數]的"整變數"之"工作座標"值爲 2(代表輸出 G54、G55…等)，在這裡的加工座標系值爲−1 或 0 時，後處理器輸出"G54"；爲 1 時，輸出 G55；2 時，輸出 G56，以此類推；**如果輸入 6，則輸出 G54.1P1，輸入 7 爲 G54.1P2，以此類推。**

2. **構圖面：**設定刀具路徑補正基準面；也就是平面設定設爲俯視圖(Top)時，刀具路徑的補正以俯視圖的 XY 方向作補正；設爲前視圖時，刀具路徑的補正以前視圖(Front)的 XY 方向作補正。除非有特殊需要，構圖面的平面設定也是俯視圖。如果刀具路徑沒有作補正計算，[刀具面]和[構圖面]的平面設定必須相同，否則會有錯誤訊息。

3. **工作座標系：**工作座標系統(WCS)其實就是工作座標系統。

七、冷卻液

設定刀具切削時是否使用冷卻液，如圖 9-3-15。

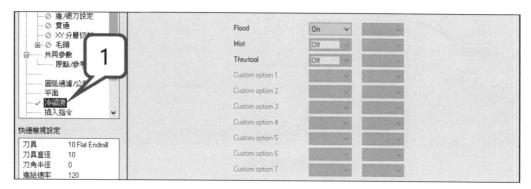

▲ 圖 9-3-15

八、插入指令

讓使用者在 NC 程式的檔頭插入一些 M 碼，如圖 9-3-16。

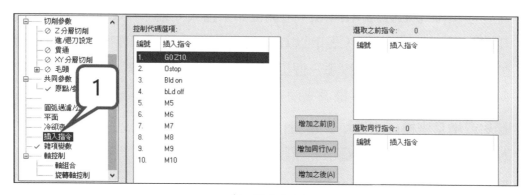

▲ 圖 9-3-16

九、雜項變數

[雜項變數]對話視窗可供設定後處理的雜項變數值(如圖 9-3-17)。當執行後處理時，每一欄位的值會連結到後處理中的對應變數。如要設定雜項變數的預設值，請於[雜項變數]的標籤中選取(如圖 9-3-17)。

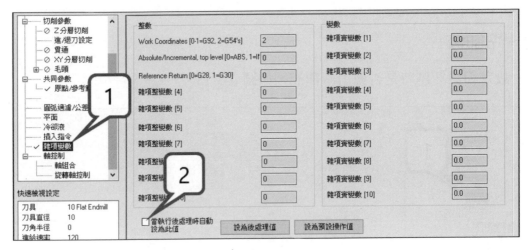

圖 9-3-17

　　雜項整變數：雜項整變數這些欄位是供輸入後處理器的整數變數值。整數是一完整的數值,如：3, 50, 764 等等，在後處理中被用於計數或是編號的資料型態。這裡有十個整變數值可供設定；Matercam 的預設後處理器 Mpfan.pst 已將第 1、2、3 個整變數的功能預設好，說明如下：

1.　**工作座標[0-1=G92, 2=G54'S]**：這欄位如果輸入 0 或 1，NC 程式以 G92 設定工作座標；輸入 2 的話，表示以 G54 到 G59 方式設定工作座標。一般這值為 2，而實際 G54 到 G59 以那一個工作座標輸出到 NC 程式，以下面介紹的[刀具面 / 構圖面]的加工座標系來決定。

2.　**絕對或增量座標[0=絕對, 1=增量]**：輸入 0 時，NC 程式以絕對值輸出座標；輸入 1 時，則以增量值輸出。預設值為 0。

3.　**回參考點[0=G28, 1=G30]**：輸入 0 時，NC 程式以 G28 回機械原點；輸入 1 則以 G30。預設值為 0。

　　雜項實變數：雜項實變數這些欄位是供輸入後處理器的實數變數值。實數是以小數點表現的數值，如：0.5, 25.4 等等，在後處理中用於儲存尺度大小或是一些具小數點的數值等等.這裡有十個實數值可供設定。

註：除了整變數的第 1、2、3 個欄位已預設功能，其它的欄位在 Mpfan.pst 都沒有設定功能，不管輸入任一數值都沒有作用。

十、旋轉軸控制

設定旋轉軸的加工方式，用於銑床第四軸加工及車銑複合 C-Y 軸加工，如圖 9-3-18。

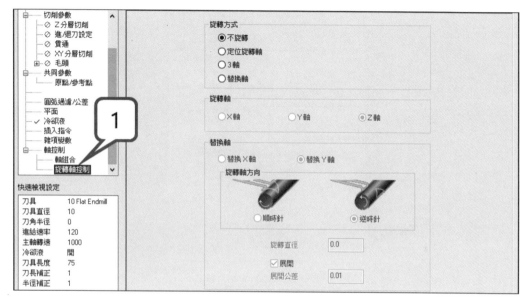

▲ 圖 9-3-18

10

外形銑削

學習目標

1. 外形銑削各參數的功能

2. 工作座標的設定方法

3. 補正設定的不同及注意事項

4. 進 / 退刀向量的設定

5. 各種外形銑削的型式

6. 選取加工外形的方法

10-1　外形切削

[外形切削]刀具路徑是沿著一線性圖素(直線、圓弧或曲線)或是以串連圖素來定義的刀具路徑來切削工件。Mastercam 允許以 2D 或 3D 線架構外形來產生外形切削刀具路徑。2D 外形由線、弧和曲線所組成，所有 2D 外形的圖素必須位於同一個構圖平面。

3D 外形由線、弧、和曲線組成，而所有的圖素並不是位於同一個構圖平面，要產生沿 3D 外形輪廓的刀具路徑請參閱本節的[深度]說明。

選取主功能表的[刀具路徑]→[外形切削 📷]→[共同參數]，進入外形切削對話視窗(如圖 10-1-1)，這裡面的參數說明如下：

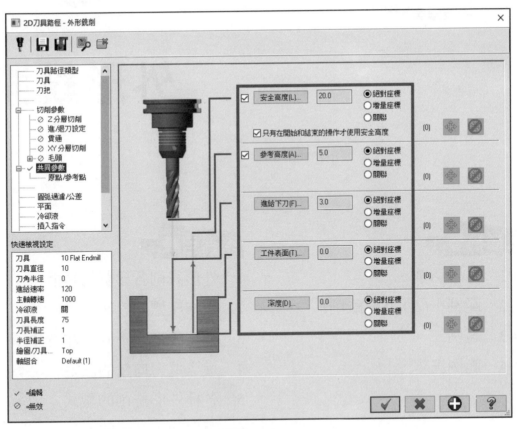

圖 10-1-1

1. **[安全高度]**：安全高度是每一個加工功能(又稱為操作)的起始高度，也就是每一個操作要開始執行時刀具會先移動到此高度，操作結束時刀具也會提高到安全高度。二個操作之間的快移(G00)高度也是這個高度。

   (1) **絕對座標／增量座標**：設定為絕對座標時會將安全高度設於安全高度的輸入值。**增量座標**時安全高度以**"工件表面"**為基準，往上設定安全高度值。

   (2) **只在操作開始和結束時，以安全高度位置平移**：這參數有打勾時，在一操作中如對二個串連外形作加工，這兩個串連外形路徑之間會以[參考高度]來移動。如沒有打勾則以安全高度移動刀具。

2. **[參考高度]**：參考高度是設定刀具要到下一個切層路徑的提刀高度。如果安全高度沒有設定，系統以參考高度作為二個操作之間的 Z 軸移動高度。參考高度必須設於[進給下刀位置]之上才有作用。以增量座標設定參考高度時，是以"工件表面"為基準，往上設定參考高度。

3. **[進給下刀位置]**：設定刀具開始以 Z 軸進給速率下刀的高度。以增量座標設定時下刀位置會以"工件表面"所設的高度為基準，往上設定進給下刀位置。有作分層銑深時這參數大多以增量座標來設定，以減少 G01 下刀距離。

4. **[工件表面]**：設定材料表面在 Z 軸的高度。以增量座標設定工件表面時，系統是以串連圖素為基準，來設定工件表面。

5. **[深度]**：設定刀具路徑的最後加工深度。系統預設值是設定在串連圖素的 Z 軸座標。設定為增量座標時深度以串連圖素為基準，來相對設定銑削深度。如果要讓刀具沿著 3D 外形在空間中移動，一定要以增量座標來設定深度。圖 10-1-2 顯示以上參數的相關高度。

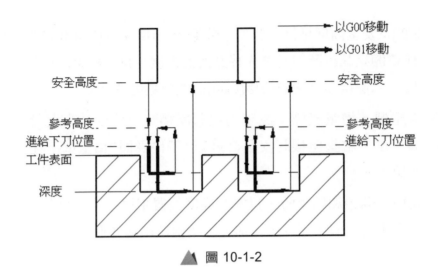

▲ 圖 10-1-2

6. **[補正方式]**：這選項要與[補正方向]配合才能產生正確的 NC 程式。由於用以
   產生刀具路徑的串連圖素是以成品尺寸繪製，編排刀具路徑時需要考量刀具
   半徑補正的問題。Mastercam 2020 版提供五種半徑補正運算方式：(如圖
   10-1-3)。

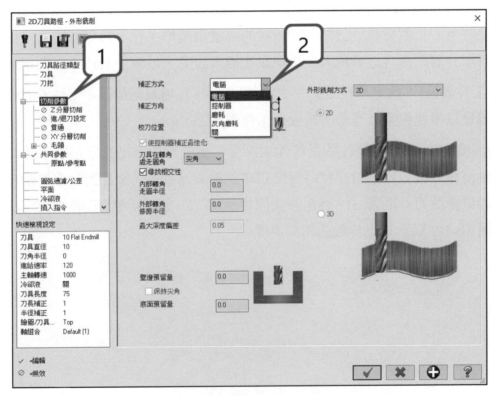

▲ 圖 10-1-3

(1) **電腦：**由 Mastercam 依設定的刀具半徑、串連圖素的串連方向、補正方向和預留量來計算出半徑補正後的刀具路徑(如圖 10-1-4)。以電腦補正產生的 NC 程式，不能在機台上作刀具磨耗補正，因為程式中沒有 G41 或 G42。

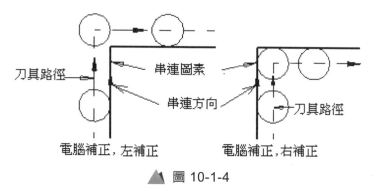

▲ 圖 10-1-4

(2) **控制器：**這選項會依[補正方向]的設定在 NC 程式產生 G41 或 G42 補正碼，但 Mastercam 不對串連圖素作刀具半徑補正運算，直接將串連圖素的座標輸出到 NC 程式。所以使用控制器補正時，真正刀具半徑補正量是在控制器上輸入控制。選取[控制器補正]時，系統會顯示[使控制器補正最佳化]參數；[使控制器補正最佳化]如有打勾，Mastercam 會忽略刀具路徑中小於或等於刀具半徑的圓弧(朝補正方向補刀具半徑會形成負 R 的圓弧)，以避免過切或機台警示。所以作[控制器補正]時，[使控制器補正最佳化]一定要打勾。

(3) **磨耗：**也就是同時使用電腦補正和控制器補正；先經電腦補正計算出刀具路徑，再由控制器補正加上 G41 或 G42 補正碼。在這種情形下，在 CNC 控制器輸入的補正量就不是刀具半徑，應該是刀具的磨耗量，而且磨耗量的正值或負值會產生不同的結果。請參閱圖 10-1-5。

(4) **反向磨耗：**這選項也是同時使用電腦補正和控制器補正，只是電腦和控制器的補正方向相反。例如，當補正方向設定左補正時，刀具路徑先以[電腦補正]作左補正運算徑，再經[控制器補正]輸出 G42 右補正碼。這樣產生的 NC 程式，在 CNC 控制器上必須輸入正值的補正量才能抵消刀具磨耗。請參閱圖 10-1-6。

(5) **關：**刀具路徑不作補正運算，刀具中心沿串連圖素產生刀具路徑。選取這選項時，[補正方向]的設定無效。

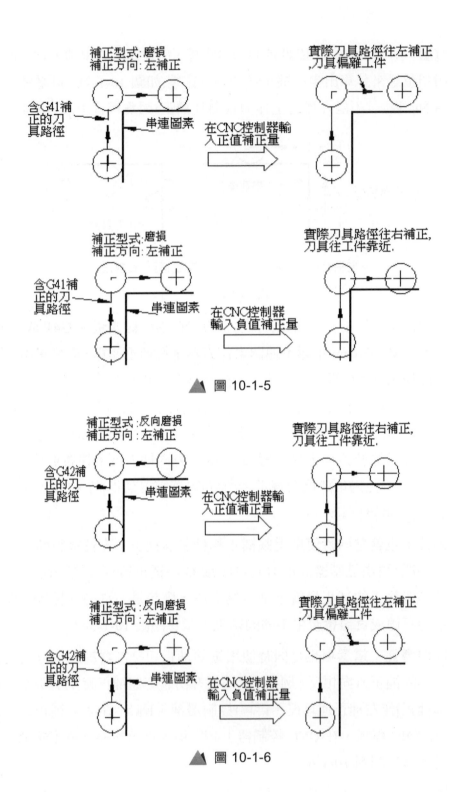

▲ 圖 10-1-5

▲ 圖 10-1-6

7. **[補正方向]**：設定刀具路徑的補償方向。補正方向依串連圖素時的串連方向來決定。刀具要在串連方向左邊時，請選取[左補正]；要在串連方向右邊則選取[右補正]。請參閱圖 10-1-7。

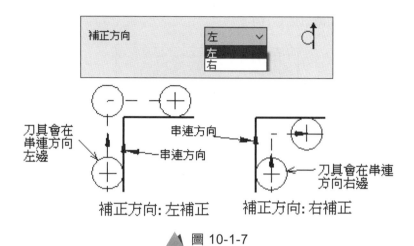

▲ 圖 10-1-7

8. **[校刀位置]**：設定刀長的補正位置為刀具的刀尖或是刀具的球心位置。請選取以下一種選項：

   (1) **球心**：設定刀長補正位置為刀具的球心。在 CNC 切削中心上必須以刀具球心來測刀長補正量(如圖 10-1-8)。

   (2) **刀尖**：定刀長補正位置為刀尖。在 CNC 切削中心以刀尖測定刀長補正量(如圖 10-1-8)。

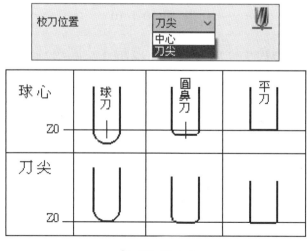

▲ 圖 10-1-8

9. **[刀具在轉角處走圓角]**：[補正型式]是[控制器補正]和[關]時，這選項的設定無效。這個選項會在刀具路徑的轉角位置插入弧。請選取以下一種選項：

(1) **無**：不使用刀具轉角設定(如圖 10-1-9)。使用不走圓角要注意某些地方不能造成過切(如圖 10-1-10)。

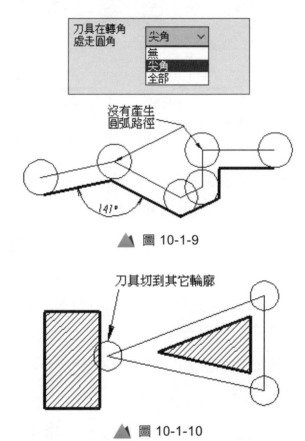

▲ 圖 10-1-9

▲ 圖 10-1-10

(2) **尖角**：只有在轉角小於或等於 135 度時才走圓角，圓角半徑為刀具半徑(如圖 10-1-11)。

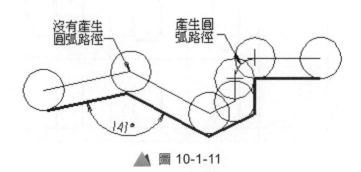

▲ 圖 10-1-11

(3) **全部**：在所有轉角處走圓角，圓角半徑爲刀具半徑(如圖 10-1-12)。

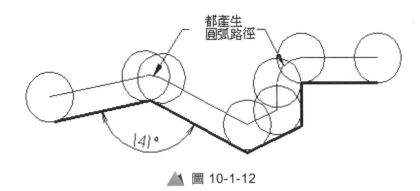

▲ 圖 10-1-12

(4) **內部轉角走圓半徑**：加工內輪廓時，轉角的半徑，防止加工中切削量瞬間變大，但會有殘料產生。

(5) **外部轉角修剪半徑**：加工外輪廓時，轉角可做倒圓角動作，於原本轉角處的圓角半徑累加以增大圓角半徑。

10. **[尋找相交性]**：這選項有打勾時，會通知 Mastercam 沿著外形銑削刀具路徑尋找路徑的自我相交點(圖 10-1-13)。自我相交點是 Mastercam 判斷刀具路徑是否過切的依據。如果有發現自我相交點，會自動調整刀具路徑以避免路徑過切。

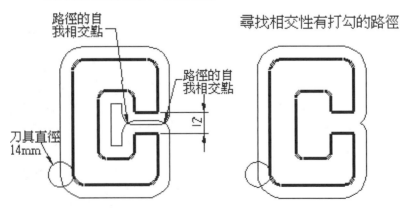

▲ 圖 10-1-13

11. **[壁邊預留量]**：設定目前這個操作加工之後，在 XY 方向尺寸的預留量。預留量可以輸入正值或負值。負值表示過切量(圖 10-1-14)。

    注意：如果[補正方式]設爲"關"時，預留量的設定無效。

    [底面預留量]：這個參數設定外形底部的預留量(Z 軸方向)。例如[深度]設爲絕對座標 Z-10，[Z 方向預留量]爲 1 時，實際加工深度爲 Z-9。

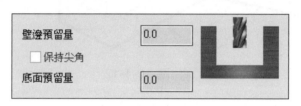

圖 10-1-14

12. **[XY 分層切削]**：如果這選項沒有打勾，在 XY 方向 Mastercam 只作一刀外形銑削加工；如有打勾可作多刀加工(如圖 10-1-15)。

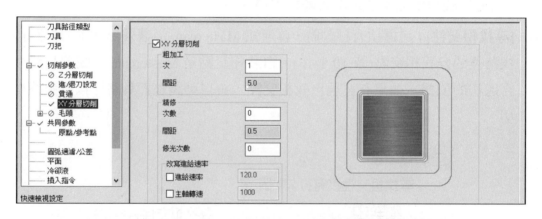

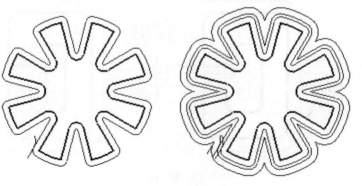

圖 10-1-15

XY 方向如要作多刀外形銑削，將[XY 分層切削]打勾後，選取[XY 分層切削]
鈕，進入[XY 分層切削]對話視窗(圖 10-1-16)。這裡面的參數說明如下：

(1) **粗切：**這區域內的參數設定 XY 方向粗銑的加工次數和間距。

　　次數：設定外形銑削 XY 方向的粗銑次數。如果不作粗銑請輸入"0"。

　　間距：此值是粗銑每刀之間的距離。

(2) **精修：**設定 XY 方向的精修次數及間距。

　　次數：設定外形銑削 XY 方向的精修次數。如果不作精修請輸入"0"。

　　間距：此值是精修每刀之間的距離。

　　修光次數：此值是設定重複加工最後一刀的位置的次數。

(3) **改寫進給速率：**控制精修路徑時，主軸轉速和切削進給速率，可以與粗
切的主軸轉速和切削進給速率不同。

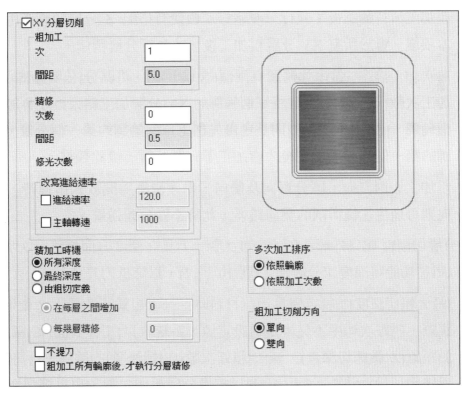

▲ 圖 10-1-16

(4) **精修加工時機**：精修的執行可以被設定在三種不同的情形。只有在使用[Z 分層切削]時，這個選項才有作用。請選取以下其中一種選項：

① **所有深度**：每一層的粗銑執行完後，馬上執行精修。

② **最終深度**：在最後外形深度時才執行外形精修。使用這選項要考慮刀刃長度是否大於分層總深度。

③ **由粗切定義**：以 Z 軸分層切削的加工層數來進一步設定，區分為每個 Z 軸分層增加精修次數和幾個 Z 軸分層才精修一次。

(5) **不提刀**：通知系統在二個切削路徑之間刀具是否要提刀。預設值是"關" (沒有打 ✓)

警告！如果在非封閉式的外形加工設定不提刀，刀具從路徑的終點移動到路徑的起點時會不提刀，刀具可能會撞到工件。

(6) **粗加工所有輪廓後才執行分層精修**：假使有搭配 **Z** 分層精修使用，勾選本項後，會於所有 **XY** 分層粗加工後，才執行分層精修。

(7) **多次加工排序**：當串連輪廓有兩個(含以上)時，可區分[依照輪廓]及[依照加工次數]，[依照輪廓]會將每個輪廓的 **XY** 分層加工結束後才會加工下一個輪廓，[依照加工次數]則是會優先加工每個輪廓的第一個分層，所有輪廓的第一個分層加工完後才會加工下一個分層，依此類推。

(8) **粗加工切削方向**：區分單向及雙向，串連輪廓為開放式串連時，選擇雙向則可產生往復切削的雙向路徑，此時不區分順逆銑。

13. **[Z 分層切削]**：如果外形銑削的深度太深，刀具在深度方面無法一次加工時，可以用這功能將深度作分層加工(圖 10-1-17)，以降低刀具負荷。

(1) **[最大粗切深度]**：設定刀具切削材料時每一次粗銑時的最大 Z 軸進給量。實際上的每次切深不見得是這設定值，系統會以[工件表面]和[深度]之間的距離(Z 軸總切深量)，減去[精修次數]與[精修量]的乘積，再將結果(稱為總粗切量)除以[最大粗切量]以求得分層粗切次數，再以總粗切量除以分層粗切次數，即為實際每層粗切量。

(2) **[精修次數]**：設定在 Z 軸方向要精修的次數。如不執行精修請設為 0。

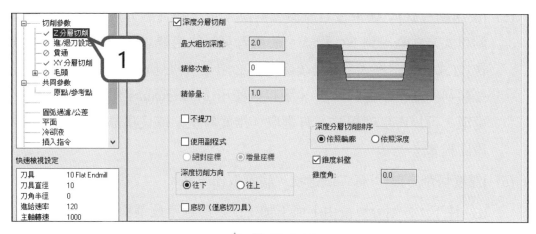

▲ 圖 10-1-17

(3) **[精修量]**：設定刀具在 Z 方向每一次精修的精修量。

[最大粗切量]與**[工件表面]**、**[深度]**、**[精修次數]**、**[精修量]**之關係：

設定值：[工件表面] = **0** (絕對座標)，[深度] = **−55**

最大粗切量= **12**，精修次數= **2**，精修量= **1**

Z 軸總切深量= [工件表面] − [深度] = 0 − (− 55) = 55

總粗切量= Z 軸總切深量− (精修次數×精修量) = 55 − (2 × 1) = 53

Z 軸粗切次數=總粗切量÷[最大粗切量] = 53÷12 = 4.4167 = 5 次

實際每層粗切深度=總粗切量÷Z 軸粗切次數= 53÷5 = 10.6

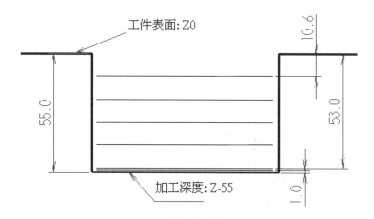

(4) **[不提刀]**：這選項會通知系統在二個深度加工之間是否提刀。如果有設定螺旋下刀或斜進刀，系統會忽略不提刀的設定。

(5) **[使用副程式]**：如果沒有銑斜壁的話，可以將外形分層銑削刀具路徑以副程式方式輸出到 NC 程式。使用者可以決定要以[絕對座標]或[增量座標]方式輸出副程式。但是後處理器必須是可以處理計算副程式，那才可以順利的產生副程式。自 8 版以後使用 Mastercam 提供的 Mpfan.pst 後處理，可以產生副程式。有選取『錐度斜壁』或使用島嶼深度時，不能用副程式。

(6) **[深度切削方向]**：有二個選項，請選取任一個：

① 往下：Z 軸分層後由上而下加工，建議選用此選項。

② 往上：Z 軸分層後由下而上加工。

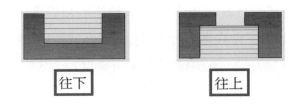

(7) **[深度分層切削順序]**：有二個選項，請選取任一個：

① **依照外形**：將一串連外形的所有分層銑削加工後，才提刀到另一串連外形做加工。

② **依照深度**：依串連外形的順序，依序加工每一串連外形的同一分層深度。這選項比較適合加工較薄的工件。

(8) **[錐度斜壁]**：這功能可以銑出具有拔模角的側邊。

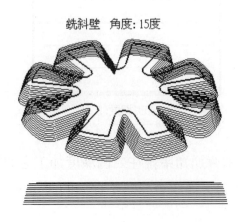

銑斜壁 角度:15度

14. **[進／退刀設定]**：使用**[進／退刀設定]**功能，Mastercam 會在 2D 或 3D 外形刀具路徑的起點和／或終點放置一直線和或圓弧組成的路徑(圖 10-1-18)，作為刀具路徑的進、退刀之用。**[進／退刀設定]**：使用**[進／退刀設定]**功能，Mastercam 會在 2D 或 3D 外形刀具路徑的起點和／或終點放置一直線和或圓弧組成的路徑(圖 10-1-18)，作為刀具路徑的進、退刀之用。

    在封閉輪廓中點位置執行進／退刀：可在封閉式外形的第一個串連圖素之中點上產生進／退刀路徑。

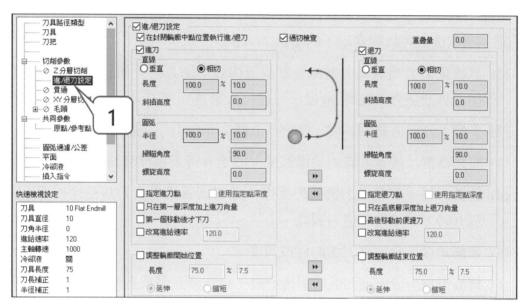

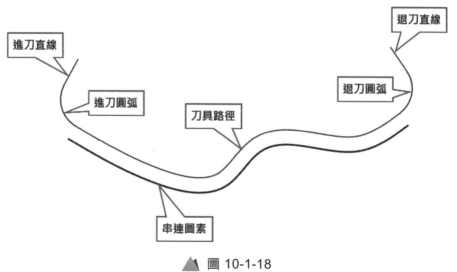

▲ 圖 10-1-18

過切檢查：檢查刀具路徑和進／退刀之間是否有交點。如果有交點表示進／退刀時發生過切，系統會自動調整進／退刀的長度。但使用[控制器補正]時，這選項的設定無效。

重疊量：這選項適用於封閉式外形路徑的刀具退刀設定。在刀具退出刀具路徑之前會多走一段在此指定的距離以越過路徑的進刀點。

進刀：這"進刀"會在外形銑削所有的粗銑及精修路徑的起點之前增加一直線和／或一個圓弧的路徑。系統放置直線的位置相對於弧，如果直線與圓弧二者都有設定，會先執行直線路徑後再執行圓弧。選取"進刀"方塊(打 v)以開啟這個選項後，可以設定以下的參數：

(1) **直線垂直／相切**：引進線垂直或相切於切削方向，如設定垂直時，直線朝刀具補正方向旋轉 90 度，以使直線垂直切削方向。

(2) **長度**：設定直線的長度。長度為 0 時表示沒有引進線。

(3) **斜插高度**：設定直線的斜進高度。設定 0 時表示沒有斜進高度。

(4) **圓弧半徑**：定義進刀圓弧的半徑。進刀圓弧總是與刀具路徑相切，設定為 0 時，表示沒有進刀圓弧。

(5) **掃瞄角度**：設定進刀弧的掃掠角度。

(6) **螺旋高度**：設定進刀弧的斜進高度，以將圓弧轉換為螺旋。此值為 0，表示沒有螺旋高度。

(7) **由指定點下刀**：設定進刀線／弧的起點(也就是下刀點)。系統會將串連外形之前所串連的最後一點做為引進的下刀點。

(8) **使用指定點的深度**：設定進刀起點的深度在所選取的指定。

(9) **只在第一層深度加上進刀向量**：只在第一次深度切削時才有進刀向量。

(10)**第一個移動後才下刀**：系統會將進刀直線移動完畢後才實施下刀，接著才進行進刀圓弧的切削移動。

(11)**改寫進給速率**：系統會以右邊的欄位的數值作為進刀的進給速率。

調整輪廓的開始位置：這個選項有開啓時，系統會延長或縮短串連的外形輪廓。左邊的欄位是以刀具直徑的百分比來計算；右邊的欄位是直接輸距離來設定。兩者只要輸入其中一個，另一個會關聯自動換算其值。如下圖：

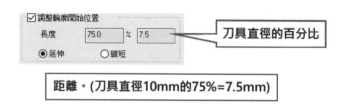

箭頭鈕 [▶▶]：這鈕會將進刀區的設定複製到退刀區。

退刀：這"退刀"會在所有的粗銑及精修路徑的終點上增加一直線(直線)和／或一個弧(引出弧)組成的刀具路徑。系統放置引線的位置相對於引出弧。如果線與弧二者都有設定，會先執行弧的引出後再執行引線。退刀設定的參數和進刀設定相同，這裡就不再說明。

15. **[外形銑削方式]**：[外形銑削]有五種加工型式：[2D 或 3D]、[2D 倒角或 3D 倒角]、[斜插]及[殘料]、[擺線式]。系統預設值爲"2D"。外形銑削型式位於對話視窗的左下角(如圖)，供使用者決定要使用何種功能。

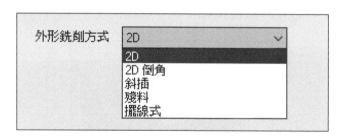

(1) **[2D 或 3D]**：所選取的串連外形位於空間中一平面上時，這選項的系統預設值爲 2D，工件之銑削深度會以絕對座標標示。如選取串連外形不在一平面上時，這選項預設值爲 3D，銑削深度會以增量座標標示。

(2) **[2D 倒角或 3D 倒角]**：供使用者對串連外形產生倒角的刀具路徑。這功能在刀具型式方面有限制，只能使用圓鼻刀、球刀或倒角刀；如果不是選取這三種之一的刀具，在完成刀具參數輸入後，系統會顯示警告訊息。在下拉式功能表選取[2D 倒角]或[3D 倒角]時，[倒角]鈕會顯現出來，供設定倒角參數，參數內容如下：

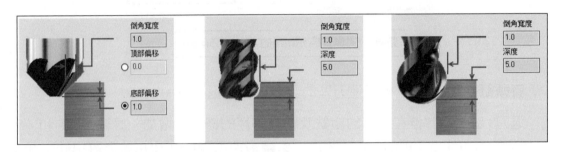

① **寬度**：設定倒角的寬度。

② **偏移補償**：設定刀尖超出倒角深度的距離。可確保不會以刀尖作倒角。區分為頂部偏移及底部偏移。

(3) **[斜插]**：以螺旋式加工法取代 2D 外形銑削。使用這功能時會將**[Z 軸分層銑深]**鈕關閉，而以**[斜插]**視窗中的設定取代。在下拉式功能表中選取**[斜插]**選項後，進入斜插視窗如下：

斜插的位移方式：

① **角度**：刀具沿著串連外形以**[斜插角度]**漸降加工。由於是以斜插角度來漸降加工，在掌握刀具的深度切削量方面要注意。

② **深度**：以指定的**[斜插深度]**取代**[斜降角度]**來產生漸降斜插刀具路徑。這裡指定的斜降深度不是最後加工深度，而是從串連起點到終點，刀具斜插的深度。

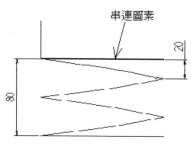

銑削深度: -80, 斜降深度20.

③ **垂直進刀**：以**[斜降深度]**作分層銑削，在每一分層銑削路徑終點到下層路徑起點之間(斜降深度)以垂直下插方式下刀。一般這功能用於開放式的串連外形輪廓，具有不提刀的效果。

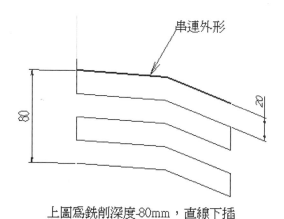

上圖為銑削深度-80mm，直線下插深度20的刀具路徑

(4) **[殘料]**：這"殘料"功能計算先前刀具路徑無法去除的殘料區域並產生外形銑削刀具路徑來銑削殘料。我們可以設定殘料區域是以**[先前所有的操作]**、**[前一個的操作]**或是指定一**[粗銑刀具直徑]**來計算殘料。

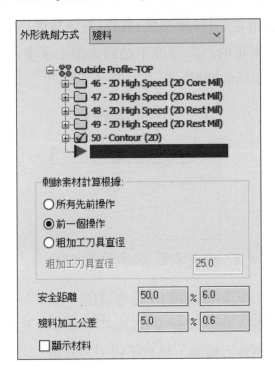

① **設定殘料之計算基準**

首先必須設定殘料是基於何種方式計算；有三種方式供決定：

a. **所有先前的操作**：以先前所有的操作，如：外形銑削、挖槽和全圓銑削等為計算基準，找出殘料區。

b. **前一個操作**：以先前一個操作，如外形銑削、挖槽或全圓銑削等為計算基準，找出殘料區。

c. **自設的刀具直徑**：以指定一粗銑刀具直徑的方式來計算殘料區域。我們可在[粗銑的刀具直徑]欄位中輸入粗銑刀具的直徑。

② **安全區域**：延伸刀具路徑的起點和終點路徑，以避免從部分殘料上方下刀或殘料清除不完全。這值為刀具直徑百分比或一正值。

③ **殘料加工的誤差**：這值決定殘料加工路徑的精度和殘料的顯示。一較小的誤差值可以得到較精準的殘料區域，殘料也會清除得比較完全；但是會花較長的處理時間。請輸入一刀具直徑百分比(建議為 5%)或一正值為誤差值。

④ **顯示素材**：選取這選項後，在計算刀具路徑時系統除了會顯示粗銑刀具路徑和殘料加工刀具路徑所銑削的範圍，也會顯示殘料加工後所留下的殘料區域。

提示：

1. 假如依據先前操作來產生外形銑削殘料加工，然後在[操作管理員]中移動殘料加工操作到先前參考操作之前，會造成殘料加工不能正確計算。

2. 要產生殘料加工路徑，串連的圖素必須是 2D 外形。

10-2 **範例一**(2D **外形銑削**)

本節將以圖 10-2-1 左圖為範例(請掃描 QRcode\範例圖檔\第 10 章\範例一.emcam)，說明如何以外形銑削功能產生刀具路徑、如何修改參數和如何以刀具路徑模擬來檢查刀具路徑。

 **操作步驟**

教學影片　範例圖檔

步驟 1 掃描 QRcode\範例圖檔\第 10 章\範例一.emcam

步驟 2 選取要加工的外形

筆者以加工整個外形輪廓作解說，想了解只加工部分外形的操作步驟，請參閱 10-3 節。

1. 從主功能表選取[刀具路徑]→[外形切削]。

2. 提示區要求選取串連圖素 1，預設串連方式=串連(C)。Mastercam 以串連圖素選取的起點和終點來決定刀具下刀起點、刀具走的路徑和提刀位置。請在圖 10-2-1 左圖，P1 位置按下滑鼠左鍵，以選取整個外形輪廓(整個外形會變成黃黑相間的虛線，表示被選取了)。

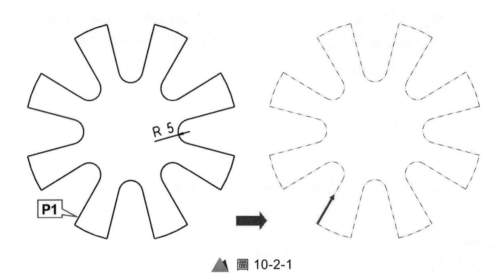

▲ 圖 10-2-1

3. 在靠近滑鼠選取位置圖素的端點上會顯示一綠色箭頭(如圖 10-2-1 右圖)，這箭頭代表刀具加工方向，箭頭根部是下刀點，由於整個外形都被選取，所以刀具將會從箭頭根部下刀，以箭頭方向沿外形加工而回到箭頭根部再提刀。在抬頭區也提示要求選取串連圖素 2，由於沒有其它的外形要加工，所以選取[確定]選取結束外形輪廓的選取。

步驟 3　設定[刀具參數]

1.　系統開啟外形切削對話窗(如圖 10-2-2)，對話窗裡刀具(如圖 10-2-2)點取對話
　　窗左上角的刀具標籤，出現空白刀具庫。

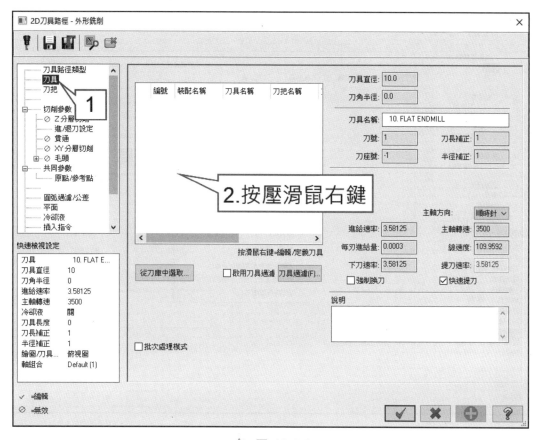

圖 10-2-2

2. 刀具(或從刀具庫選刀)，以建立新刀具說明。

    (1) 在游標移到空白刀具庫區，按一下滑鼠右鍵，在右鍵功能表中選取[建立刀具] (如圖 10-2-3)。

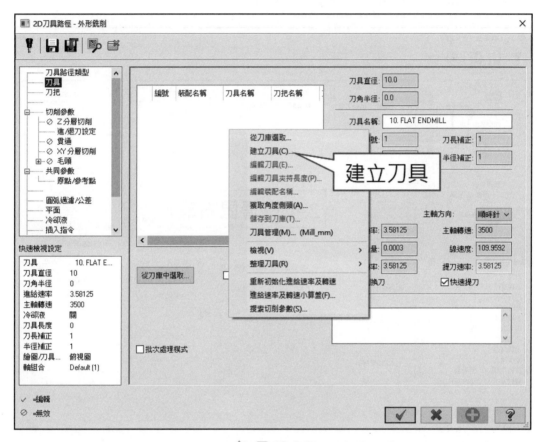

▲ 圖 10-2-3

(2) 畫面上出現[定義刀具]對話窗，於步驟「選取刀具類型」處的平刀的圖示上點一下滑鼠左鍵，選取平刀(如圖 10-2-4)。

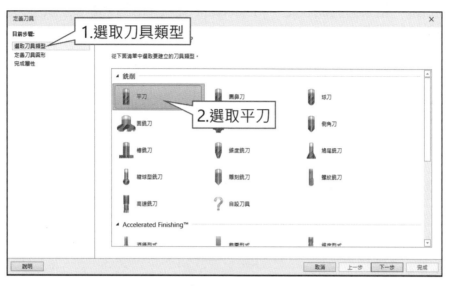

▲ 圖 10-2-4

(3) 於步驟「定義刀具圖形」畫面，在[刀刃直徑]欄位輸入 8 (如圖 10-2-5)。其它的刀具尺寸欄位數字不用修改，它們不會影響刀具路徑的運算，只是刀具路徑模擬時，會以這些欄位的刀具尺寸來顯示刀具。

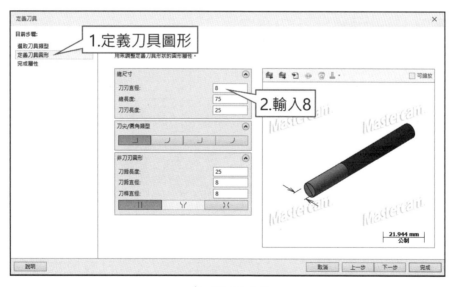

▲ 圖 10-2-5

(4) 於步驟「完成屬性」畫面，在[進給速率]輸入 300，[下刀速率]輸入 200，[主軸轉速]輸入 2000，以設定這把刀的加工參數，如圖 10-2-6。選取[完成]鈕，結束刀具的設定。Mastercam 從 1 開始以流水號賦予刀具號碼；除非必要，[刀具號碼]欄不用改爲其它號碼。

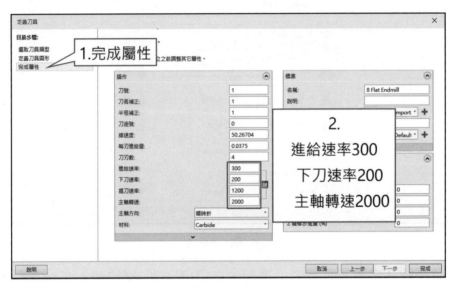

▲ 圖 10-2-6

(5) 在[刀具]對話窗所設定的刀具尺寸和加工參數即在[刀具參數]頁中顯示
(如圖 10-2-7)，表示外形銑削將使用 1 號刀、直徑 8mm 平銑刀來產生刀
具路徑。

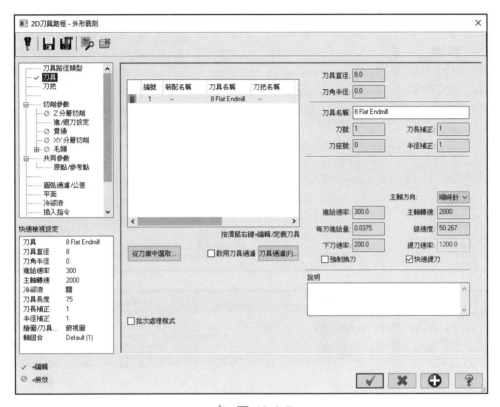

▲ 圖 10-2-7

步驟 4 設定[切削參數及共同參數]

1. 以滑鼠選取[切削參數]，進入參數設定視窗，請將對話窗內容設定如圖 10-2-8 後，選取[確定]鈕，結束參數設定。

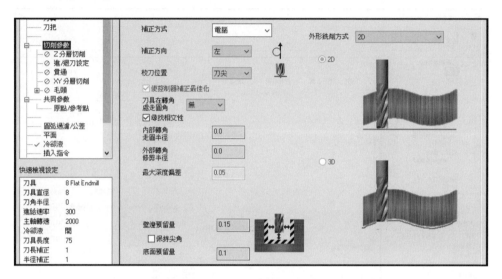

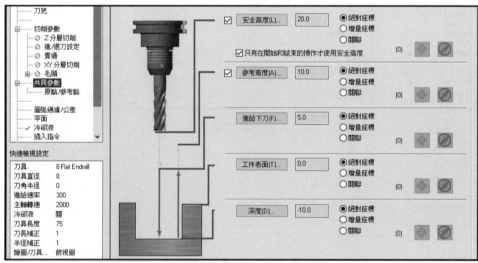

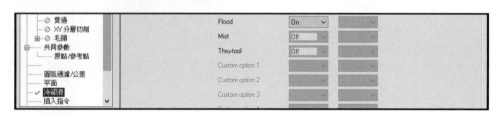

圖 10-2-8

2. 在繪圖區馬上顯示刀具路徑計算結果(如圖 10-2-9)。

▲ 圖 10-2-9

步驟 5 **刀具路徑模擬**

1. 點選功能表[檢視]→[管理]→[刀具路徑]開啓[刀具路徑管理]功能(如圖 10-2-10 圖),Mastercam 開啓[刀具路徑管理]視窗(如圖 10-2-10 圖)。

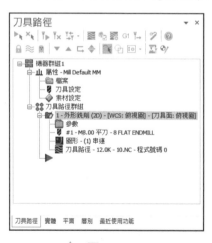

▲ 圖 10-2-10

2. 先前所安排的輪廓路徑,會記錄在[刀具路徑管理員]中。這一個外形切削在刀具路徑管理員中稱爲一個操作;在刀具路徑管理員右邊的功能(重新計算、刀具路徑模擬、實體切削驗證等等)即是對有打勾的操作作處理。每一個操作記錄的資料分爲[參數]、[刀具]、[圖形]和[刀具路徑]四項;[參數]記錄先前設定的刀具參數和外形銑削參數;[刀具](如#1-M8.00 平刀-)記錄刀具的定義資料;[圖形]記錄串連選取的圖素;[刀具路徑]則記錄所產生的刀具路徑。

3. 選取[刀具路徑模擬] ≋ ，進入刀具路徑模擬，請先確定刀具路徑模擬功能表的設定如圖 10-2-11 的([顯示路徑]和[顯示刀具]都為啟用狀態(表示要顯示路徑或刀具))。選取[單節模擬]，每以游標點一下[單節模擬]，刀具即移動一個單節座標，在細節訊息也會顯示刀具所在的座標(如圖 10-2-11)。請連續按下[單節向前]和[單節向後]或使用[開始模擬]及自動連續模擬刀具路徑，來回觀察刀具的下刀動作、位置、路徑和加工深度，直到顯示路徑模擬完畢，選取[確定]鈕，結束路徑模擬。

註：選取[開始模擬]時，同時按下滑鼠的左右鍵可加快模擬速度。

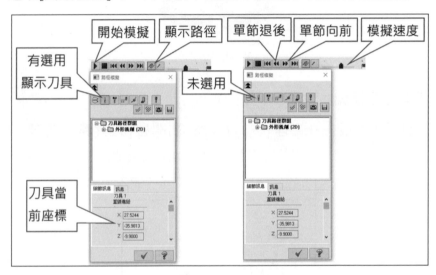

▲ 圖 10-2-11

4. 由於上述是以俯視圖作路徑模擬，沒有立體感。我們可以將視角設定為**等角視圖**，再以[手動控制]來觀察刀具路徑。黃色路徑表示刀具以 G0 移動；淺藍色表示以進給速率(F 值)移動。

5. 結束路徑模擬後，按下[確定]鍵回到刀具路徑管理員。

步驟 6　調整 Z 分層切削

1. 上述路徑模擬可以發現刀具直接下插到 Z-10 深度作外形銑削，對直徑 8mm 平銑刀可能太深，需要作 Z 軸分層切削。在刀具路徑管理員中選取外形銑削操作的[參數](如圖 10-2-12)，進入先前**步驟 3** 所設定的 Z 分層切削參數對話窗，將[深度分層切削]的檢查方塊打勾(如圖 10-2-13)。

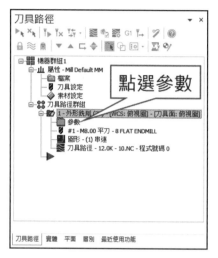

▲ 圖 10-2-12

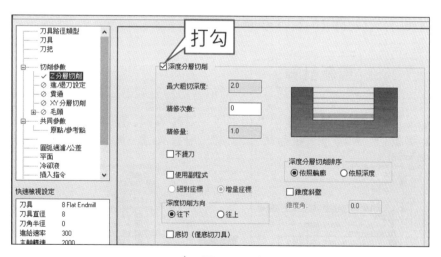

▲ 圖 10-2-13

2. 選取[Z 軸分層銑深]，進入分層銑深設定視窗，將最大粗切量設為 5 (如圖 10-2-14)。選取[確定]鈕。

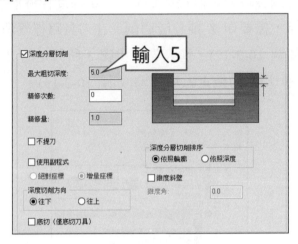

▲ 圖 10-2-14

3. 選取外形銑削參數對話窗的[確定]鈕，結束參數的修改。畫面回到刀具路徑管理員(如圖 10-2-15 左圖)，外形銑削操作的刀具路徑圖示出現紅色 X，表示記錄的刀具路徑和目前參數不相符。

4. 選取[重新計算]，Mastercam 以新參數重新計算刀具路徑，而且刀具路徑圖示紅色 X 也消失(如圖 10-2-15 右圖)。

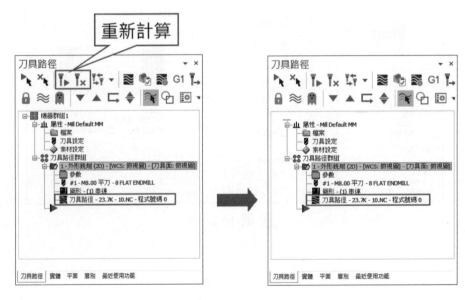

▲ 圖 10-2-15

5. 讀者以**步驟 4**的刀具路徑模擬觀察新的刀具路徑(如圖 10-2-16)。

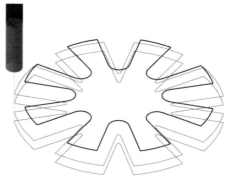

▲ 圖 10-2-16

步驟 7　設定進／退刀路徑

1. 上述刀具路徑的下刀位置距離工件太近，設定進／退刀可以改善這缺點。在操作管理員中選取輪廓操作的[參數]圖示，進入外形銑削參數對話窗，將**[進／退刀設定]**的檢查方塊打勾(如圖 10-2-17)，選取[進／退刀設定]鈕，進入進／退刀設定視窗。

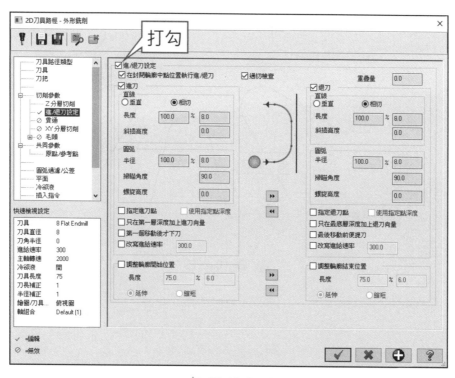

▲ 圖 10-2-17

2. 請將進 / 退刀設定視窗設定如圖 10-2-18(重疊量：2，進刀直線長度：8，圓弧半徑：0；退刀直線長度：0，弧半徑 4.8(60%))。選取[確定]鈕，關閉進 / 退刀設定視窗。

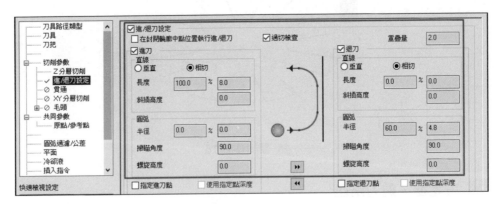

▲ 圖 10-2-18

3. 選取外形銑削參數對話窗的[確定]鈕，結束參數的修改。

4. 畫面回到刀具路徑管理員，選取[重新計算]。刀具路徑增加進 / 退刀路徑如圖 10-2-19。

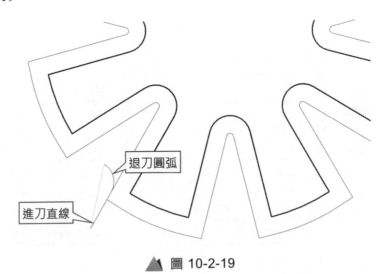

退刀圓弧

進刀直線

▲ 圖 10-2-19

步驟8 每層之間改為不提刀

1. 由於增加進／退刀路徑造成每層刀具路徑之間刀具會提高到參考高度 Z5 移到下刀位置再下刀。如果機台以每分鐘 20 米以上的 G0 速度快速移動，在這麼短的距離下可能造成機台晃動。

2. 在刀具路徑管理員中選取外形銑削操作的參數圖示，在參數對話窗中選取**[Z分層切削]**，將深度分層切削的**不提刀**打勾(如圖 10-2-20)，選取[確定]鈕，關閉視窗。

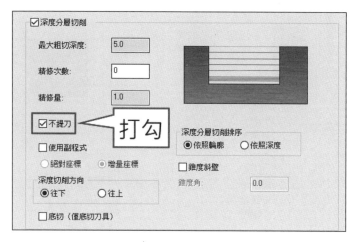

▲ 圖 10-2-20

3. 選取外形銑削參數對話窗的[確定]鈕，結束參數的修改。

4. 畫面回到刀具路徑管理員，選取[重新計算]，每層刀具路徑之間修改為不提刀。

步驟 9 設定 XY 分層切削

1. 以上刀具路徑即使是分層銑削，每一層仍是作一刀加工，在切削量大的情況下，工件的精度和表面粗糙度不會很好。可以將外形分二次加工，第一次粗銑讓外形留 0.5mm 裕量供第二次的路徑作一刀精修。

2. 在操作管理員中選取外形銑削操作的參數圖示，在外形銑削參數對話窗中選取**[XY 分層切削]**，將 XY 分次銑削設定如圖 10-2-21。

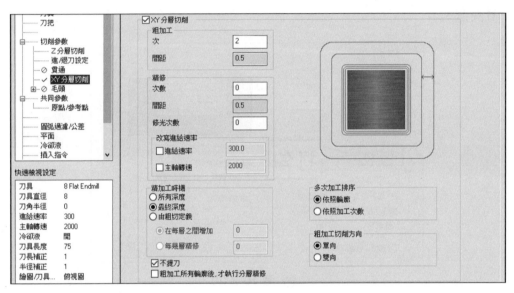

▲ 圖 10-2-21

註：如果刀具的實際切刃長度大於 20mm，執行精修之時機才可以選取**[最終深度]**，否則要選取[所有深度]作每層精修。

3. 選取[確定]鈕，關閉視窗。

4. 畫面回到操作管理員，選取[重新計算]。
   刀具路徑變更如圖 10-2-22。

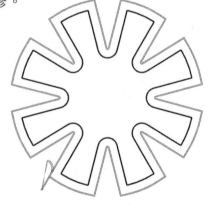

▲ 圖 10-2-22

10-3　範例二

本節將以圖 10-3-1 工件來示範選取部份外形作外形銑削，並以同時加工兩個工件來示範 G54 和 G55 及程式原點的設定。

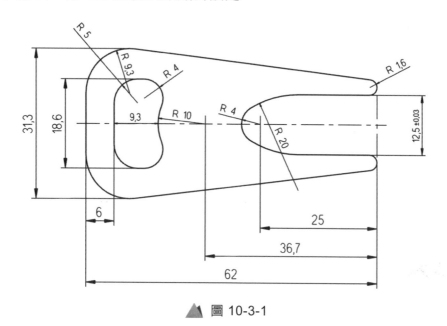

▲ 圖 10-3-1

這個工件打算在機台上同時放兩個工件，一個工件設定為 G54，另一個為 G55，其程式原點各不相同如圖 10-3-2。由於工件以壓板固定，G54 和 G55 的加工區域各如虛線所示。一個工件經過 G54 和 G55 二個步驟加工即可得到完整形狀。素材的準備尺寸是長度 150mm、寬度 33.3mm 的矩形(單邊材料裕量 5mm)。

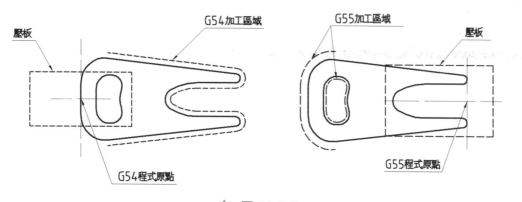

▲ 圖 10-3-2

教學影片　範例圖檔

步驟 1 　掃描 QRcode\範例圖檔\第 10 章\範例二.mcam

步驟 2 　複製零件

1. 選取轉換→平移。

2. 選取圖素。

3. 選取複製。

4. 增量座標 X 軸輸入 100。

5. 按確定。

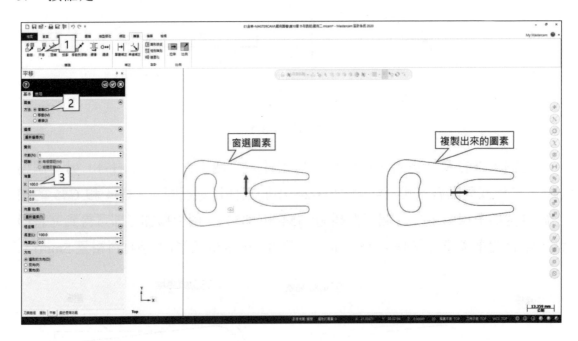

步驟 3　先作 G54 座標系路徑

1. 選取刀具路徑。

2. 選取外形銑削。

3. 選取部分串連。

4. 選取入刀點位置及退刀點位置。

5. 按確定。

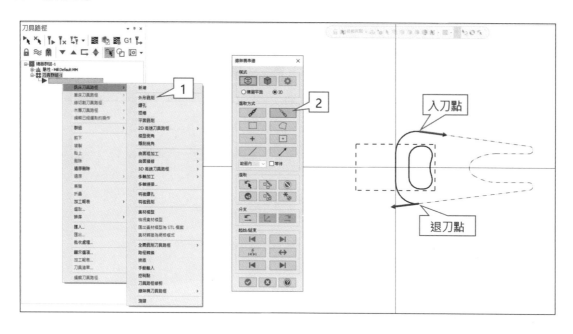

步驟 4　參數設定如下圖

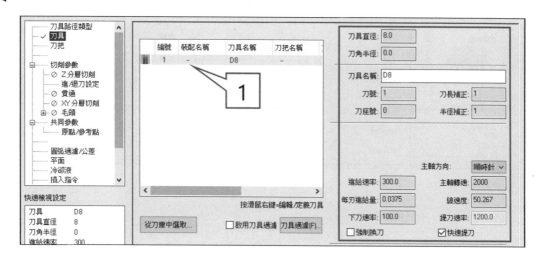

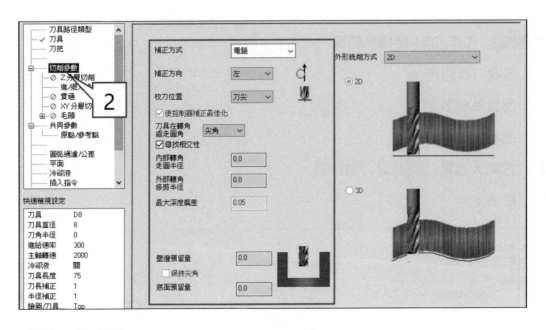

1. 設定刀具直徑 8mm。

2. 設定切削參數。

3. 設定進 / 退刀設定。

4. 設定共同參數。

5. 設定冷卻液打開。

6. 按確定。

7. 模擬路徑參數。

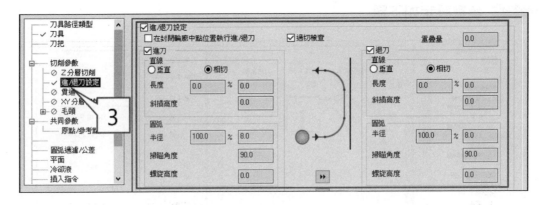

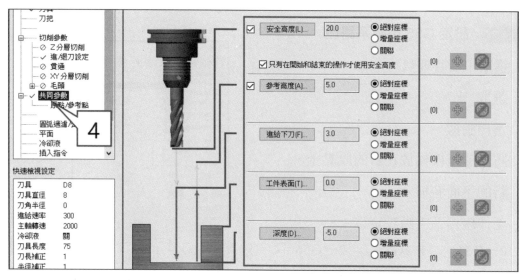

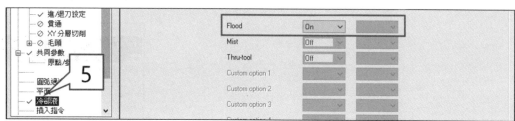

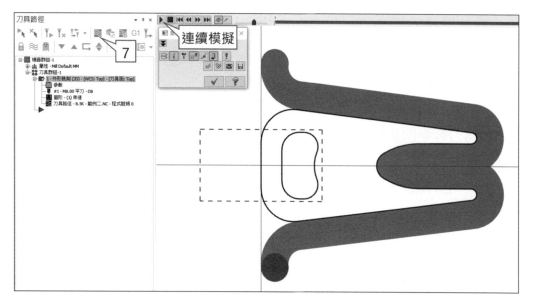

步驟 5　設定 G55 座標系路徑

1. 選取平面管理員。

2. 選取 ✚。

3. 選擇動態。

4. 將動態座標軸放在新的原點上。

5. 新的平面名稱。

6. 工作座標系手動設定為 1。

　　0→G54　　　1→G55　　　2→G56

　　3→G57　　　4→G58　　　5→G59

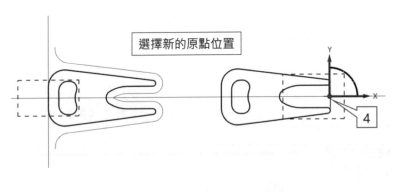

選擇新的原點位置

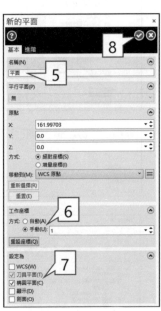

7. 設定為刀具平面及構圖平面

8. 按確定

步驟 6 設定 G55 座標刀具路徑

選擇刀具路徑→外形切削。

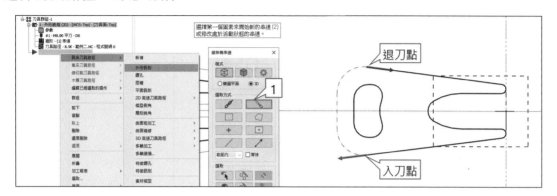

1. 選取部分串聯。

2. 選取入刀點。

3. 選取退刀點。

4. 輸入切深−5。

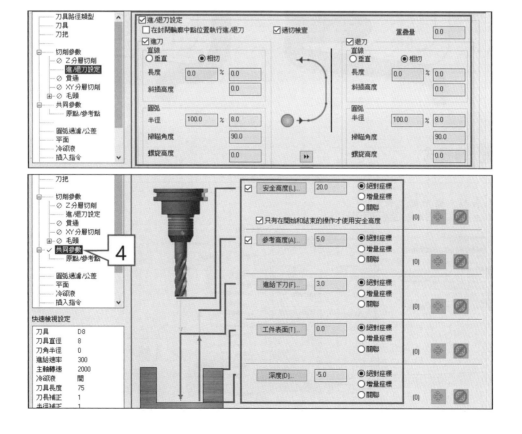

步驟 7　模擬刀具路徑

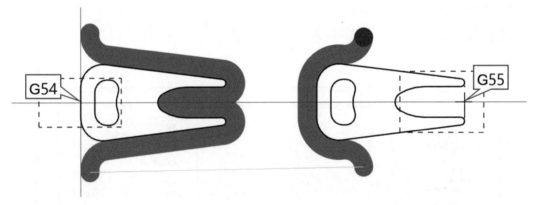

步驟 8　轉程式

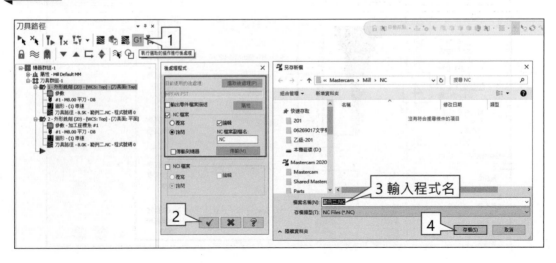

%

O0000

G0 G17 G40 G49 G80 G90

T1 M6

G0 G90 G54 X3.948 Y28.464 A0. S2000 M3

G43 H1 Z20. M8

Z3.

G1 Z-5. F100.

G3 X3.889 Y27.492 R8. F300.

X10.917 Y19.551 R8.

G1 X61.081 Y13.408

G2 X66. Y7.85 R5.6

X60.4 Y2.25 R5.6

G1 X45.182

G3 X37. Y0. R16.

X45.182 Y-2.25 R16.

G1 X60.4

G2 X66. Y-7.85 R5.6

X61.081 Y-13.408 R5.6

G1 X10.917 Y-19.551

G3 X3.889 Y-27.492 R8.

X3.948 Y-28.464 R8.

G0 Z20.

G55 X-42.167 Y-26.52 Z20. A0.

Z3.

G1 Z-5. F100.

G3 X-50.108 Y-19.492 R8. F300.

X-51.08 Y-19.551 R8.

G2 X-52.697 Y-19.65 R13.3

X-65.997 Y-6.35 R13.3

G1 Y6.35

10-4 範例三

　　以串連選取加工外形時，使用者要注意串連起始位置、串連方向，要是有幾十個甚至上百個串連外形要選取，那豈不是太累了。本節將以圖 10-4-1 來說明如何以[窗選]選取多個串連外形作外形銑削，並且指定每個串連外形的加工起始位置。

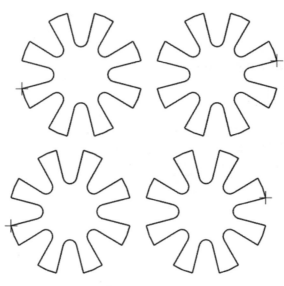

▲ 圖 10-4-1

操作步驟

教學影片　範例圖檔

步驟 1 掃描 QRcode\範例圖檔\第 10 章\範例三.emcam

　　在讀取的圖形中，每個工件圖形上都有一個存在點，這存在點打算作為外形銑削的加工起始位置，銑刀從存在點位置下刀加工。

步驟 2 選取要加工的外形。

1. 從功能表選取[刀具路徑]→[外形銑削]。

2. 選取[窗選]→[選項]。進入[串連的選項]設定視窗。

3. 將[由點開始串連]打勾。

4. 封閉式輪廓的串連方向請設定為[順時針]。

5. [串連選項]設定視窗應如圖 10-4-2。

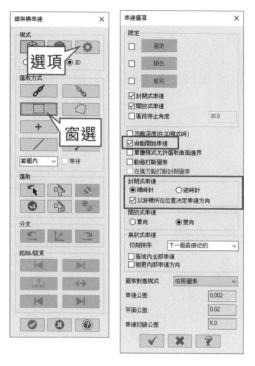

▲ 圖 10-4-2

6. 選取[確定]鈕，關閉[串連選項]視窗。

7. 串連方式選擇[窗選]。

8. 選取如圖 10-4-3 所示的 P1 和 P2 位置，將所有圖形窗選起來。

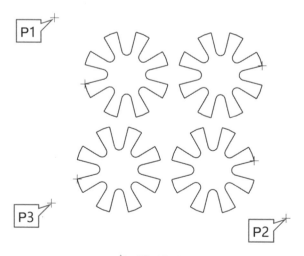

▲ 圖 10-4-3

9. 提示區要求輸入繪圖近似的起始點。請在圖 10-4-3 所示的 P3 位置點一下，
   表示將由左下角的串連外形開始加工。

10. 選取[確認]。

11. 進入外形銑削參數設定視窗。請如本章範例一設定外形切削參數，產生刀具
    路徑如圖 10-4-4。

▲ 圖 10-4-4

11

挖槽

學習目標

1. 了解挖槽各參數的功能

2. 了解各挖槽型式的不同

3. 了解粗加工切削方式的特性

11-1　挖槽

　　挖槽加工應用於封閉區域內面積的加工，能將區域內的材料銑削掉。用於挖槽外形及島嶼(如圖 11-1-1)的圖素必須在同一個構圖面上，不可以選取 3D 的串連外形作為挖槽的外形邊界。從主功能表中選取**[刀具路徑]→[挖槽]**可進入挖槽功能。

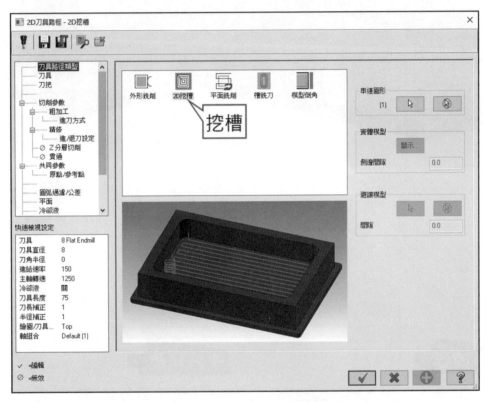

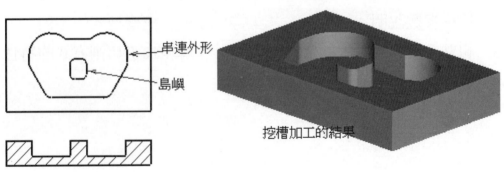

　　串連外形

　　島嶼

挖槽加工的結果

▲ 圖 11-1-1

11-2　挖槽參數說明

1. [安全高度]、[參考高度]、[進給下刀位置]、[工件表面]、[深度]、[校刀位置]、[刀具在轉角處圓角]、[圓弧過濾／公差]、[壁邊預留量]、[底邊預留量]、[Z分層銑深]等請參閱第 10 章的外形切削參數。

2. **[加工方向]**：設定挖槽加工的加工方向(順銑或逆銑)。這參數並不適用於雙向式挖槽路徑。請選取其中一種選項：**順銑**或**逆銑**。

▲ 圖 11-2-1

(1) **順銑**：以材料的加工邊而言，刀具的旋轉方向與刀具的行進方向相反稱為順銑(如圖 11-2-2)，每刃切入材料時的切削量由厚漸薄，切屑排出在刀具後面。

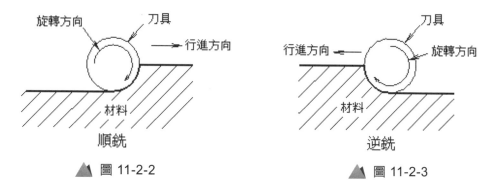

▲ 圖 11-2-2　　　　　　　　　　▲ 圖 11-2-3

(2) **逆銑**：以加工邊而言，刀具的旋轉方向與刀具的行進方向相同稱為逆銑(如圖 11-2-3)，每刃切入材料時的切量為由薄漸厚，切屑排出在刀具前方。一般用於加工有黑皮的鑄件時使用。

3. **[產生附加精修操作(可換刀)]**：有打勾時，會在目前這挖槽的操作之後產生一個挖槽的精修操作；其實這第二個只有精修路徑的挖槽操作就是外形銑削路徑。第二個挖槽精修操作使用與第一個挖槽路徑相同的參數和串連圖素，但只產生精修路徑。我們可以在操作管理員中將第二個挖槽操作變更刀具，以新刀具精修挖槽外形的尺寸。

4. **[其他設定]**：有挖槽功能的其它設定，設定殘料加工和等距環切的系統計算公差。

```
☐ 刀具路徑最佳化(避免插刀)    殘料加工及等距環切公差
☑ 由內而外環切                    6.25  %  0.5
☐ 顯示等距環切素材
```

(1) **[殘料加工及等距環切的公差]**：設定計算殘料加工或是等距環切刀具路徑的誤差值，一較小誤差值會產生較精準的刀具路徑。而誤差值可以在二個欄位輸入：[刀具直徑的百分比]或[公差]。系統預設值是刀具直徑的6.25%。

(2) **[顯示等距環切素材]**：設定在計算等距環切路徑時，是否顯示每次切削的殘留量。預設值是不顯示。

5. **[挖槽加工方式]**：這裡面有五種挖槽型式，選取型式的不同會產生不同的刀具路徑。請參閱以下的說明：

(1) **[標準]**：是系統預設功能。選取這選項後，無法以**[挖槽加工方式]**下方的特殊功能來設定產生特殊挖槽刀具路徑。

(2) **[平面銑]**：一般挖槽時，刀具一定是整個在挖槽外形裡面；而[平面銑]可以讓刀具超出挖槽外形，並且刀具會在挖槽外形外下刀(如圖 11-2-4)。這功能常用於類似公模或電極等凸起形狀可由材料外面下刀的加工。

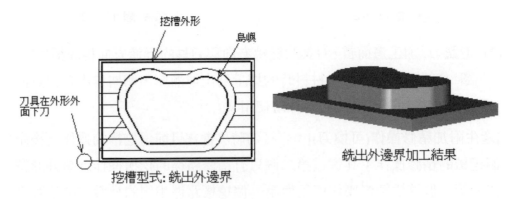

圖 11-2-4

在[**挖槽加工方式**]中選取[平面銑]，系統顯示[平面銑]鈕供使用者設定參數。

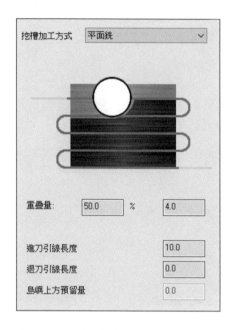

① [**重疊量**]：設定刀具要超出材料邊界的量。這數值以刀具直徑的百分比表示，百分比愈大，超出邊界的值愈大。預設值是 50%。一修改這值，[重疊量]也會跟著變更。

② [**進刀引線長度**]：設定刀具路徑起點(下刀點)到工件的距離。這值最好大於刀具半徑。

③ [**退刀引線長度**]：設定刀具退出挖槽外形外的距離。建議設為 0，因為沒必要。

④ [**島嶼上方的預留量**]：這參數是供[使用島嶼深度挖槽]的挖槽型式使用的，在這裡不能設定這欄位。

註記：

● 如只選取挖槽外形而未選取島嶼邊界，打算以[平面銑]來產生類似面銑效果的刀具路徑，我們建議還是直接使用[面銑]功能，可以有比較多的選擇。

● 選取[平面銑]時，所選取的串連外形必須封閉。

(3) **[使用島嶼深度]**：這挖槽型式除了作一般挖槽路徑外，還會對島嶼上方以銑出外邊界方式修平島嶼上方的平面。

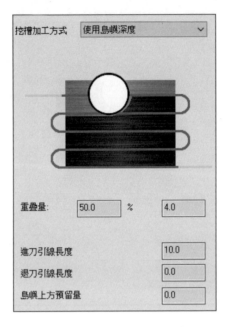

① **[重疊量]**：設定刀具路徑要超出島嶼邊界的距離，以刀具直徑百分比表示。

② **[進刀引線長度]**：設定精修島嶼平面時下刀點到島嶼邊界的距離，以供刀具在島嶼邊界外下刀。這值建議大於刀具半徑。

③ **[退刀引線長度]**：設定刀具退出島嶼外形外的距離。

④ **[島嶼上方的預留量]**：設定島嶼上方的預留量。

(4) **[殘料]**：針對先前的刀具路徑無法去除的殘料區域產生一個外形銑削刀具路徑以銑削殘料。殘料區域可以以先前所有的操作、前一個操作或是指定一個刀具直徑來計算殘料。

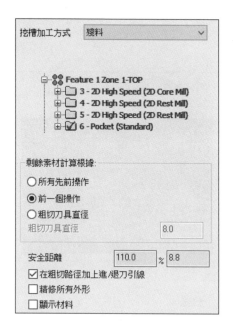

① **[安全距離]**：延伸刀具路徑的起點和終點，以避免從殘料上方下刀或殘料清除不完全。這值為刀具直徑百分比或一正值。

② **[在粗切路徑加上進／退刀引線]**：會在每一切削路徑的起點和終點產生進／退刀路徑；而要讓這選項能正常工作，必須在[粗銑／精銑參數]對話視窗中選取[粗銑]和[進／退刀設定]的檢查方塊。

③ **[精修所有外形]**：在整個挖槽外形產生精修路徑，不僅僅只在殘料區而已。

④ **[顯示材料]**：選取這選項後，在計算刀具路徑時系統除了會顯示粗銑刀具路徑和殘料加工刀具路徑所銑削的範圍，也會顯示殘料加工後所留下的殘料區域。

(5) **[開放式挖槽]**：定義挖槽邊界時，串連外形的起點和終點不是在同一點，稱為開放式輪廓。對於這種挖槽邊界，可以使用開放式輪廓挖槽切削方法產生挖槽刀具路徑。Mastercam 會計算串連起點與終點之間距離並可將這種串連視為封閉式串連。使用這功能時，挖槽邊界內不能有島嶼，島嶼會被忽略。

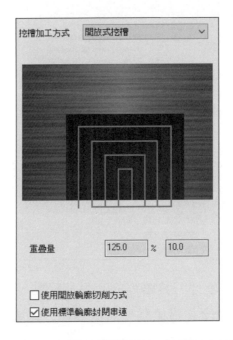

① **[重疊量]**：在開放式輪廓挖槽時，系統會在串連外形的起點和終點之間產生一假想線，將這串連外形視為封閉式輪廓；這欄位設定刀具可超出這假想線的距離。請輸入一刀具直徑百分比作為邊界超出量。

② **[使用開放輪廓切削方式]**：選取這選項時，刀具路徑起點會在沒有邊界的那一邊下刀，由內而外加工。

③ **[使用標準輪廓封閉串連]**：選取這選項時，刀具路徑可以選用標準挖槽加工方式的八大策略。

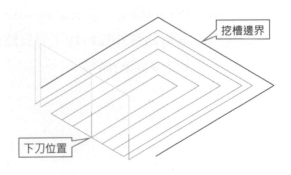

11-3　粗銑／精修參數說明

這對話視窗分為二個部分[粗加工]和[精加工](如圖 11-3-1)，[粗加工]是作面積方面的銑削設定，主要針對挖槽的底部面積作加工；而[精加工]則是對挖槽的邊界作銑削設定(其實[精加工]就是前一章介紹的外形銑削)。一般情形下，這二個檢查方塊都會打勾，讓 Mastercam 將挖槽邊界內的面積銑削後(粗加工)，再沿挖槽邊界和島嶼邊界作外形銑削(精加工)。如果只有[精加工]打勾，Mastercam 不作挖槽面積加工而只作邊界外形的銑削。筆者常以挖槽的[精加工]功能來取代外形銑削，因為可以不用設定左右補正(只適用加工封閉式輪廓的內側)。

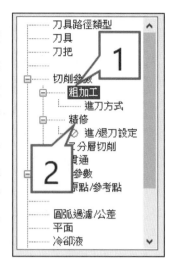

▲ 圖 11-3-1

1. 粗加工

　(1) [切削方式]：為挖槽粗銑刀具路徑選取一種切削方式：

　　 Mastercam 為挖槽提供 8 種加工方式(如圖 11-3-2)。

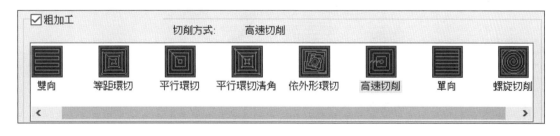

　① 雙向：依粗切角度以直線雙向移動方式來挖槽。

　② 等距環切：此路徑計算方式為：先產生一道粗銑路徑，決定出殘留區域，再由殘留區域計算下一刀具路徑；這程序會反覆進行直到完成整個挖槽加工。這選項可以以較少的線性移動量來完成挖槽操作。

　③ 平行環切：此路徑計算方式為將外圍邊界補正切削間距值來產出刀具路徑，這方式並不保證可以完全清除材料。如果有殘料發生，可減少刀具間距來解決。

④ **平行環切清角**：這方式與平行切削相類似，但在挖槽的角落增加清角動作以清除路徑轉角處材料，但不保證可以完全清除材料。如果有殘料發生，可減少刀具間距來解決。

⑤ **依外形環切**：此刀具路徑會依外邊界與島嶼的外形漸變地產生粗銑路徑。這功能有個優點：除了下刀後第一刀可能是全進刀(刀具與材料接觸面爲刀具直徑)加工，其它的切削路徑不會產生全進刀路徑，適合高硬度材料加工。

⑥ **高速切削**：高速加工機加工時進給速率可高達 3000～10000mm／每分鐘；在這種情形下，較大的切深或刀具間距並不適合以一般直進式的刀具路徑作加工，否則刀具負荷太大。而這功能提供擺線式加工法，可消除刀具負荷。輸出的 NC 碼幾乎是 G02/G03。

⑦ **單向**：以單一方向的平行路徑來挖槽。

⑧ **螺旋切削**：以所有皆相切的圓弧來計算出刀具路徑。可爲刀具提供較平順的加工動作、較短的 NC 程式和較佳的清除效果。

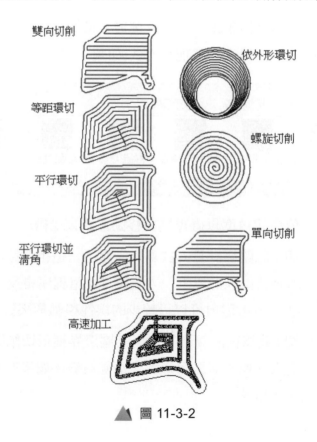

▲ 圖 11-3-2

(2) **[切削間距(直徑%)]**：設定刀具路徑的 XY 方向間距，以刀具直徑百分比表示。改變此值時，**[切削間距(距離)]**的值會自動修正。系統預設值是 75%。

(3) **[切削間距(距離)]**：也是設定刀具路徑的 XY 方向間距。這值等於刀具直徑百分比 X 刀具直徑。

(4) **[粗切角度]**：此欄位是在雙向切削和單向切削時，設定刀具的切削方向。如圖 11-3-3 顯示不同角度對切削方向的影響。

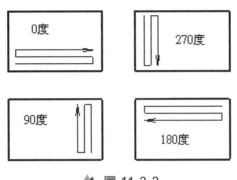

▲ 圖 11-3-3

(5) **[刀具路徑最佳化]**：當實施含島嶼的挖槽加工時，刀具有時會以全進刀方式切削材料，對刀具的負荷非常大；特別是直徑小的刀具，常常發生斷刀。這選項可儘量避免刀具全進刀的發生。圖 11-3-4 顯示有無最佳化的比較。

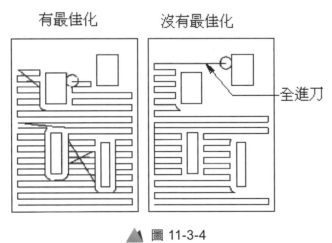

▲ 圖 11-3-4

(6) **[由內而外環切]**：由挖槽的中心往外加工到外形邊界，適用於所有的環繞式切削。如沒有選取這檢查方塊為由外而內加工。

(7) **[進刀方式]**：Mastercam 提供無、螺旋式漸降斜插和螺旋式下刀三種下刀方式。如果如圖 11-3-5 所示的[進入方式]沒有打勾的話，表示以直線下刀。將檢查方塊打勾，選取[螺旋]鈕，進入螺旋／斜插式下刀參數設定對話窗，這對話窗供設定螺旋式下刀的參數。

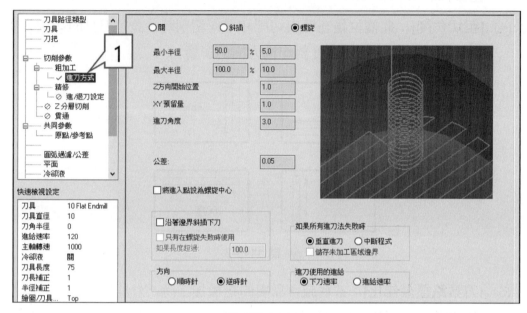

圖 11-3-5

① **螺旋式下刀**：下刀方式如圖 11-3-6。

a. **[最小半徑]**：設定螺旋下刀的最小半徑。使用圓刀片的圓鼻刀作螺旋下刀時，最小半徑請勿大於刀具靜點半徑(如圖 11-3-7)，否則可能會落得刀毀機亡的下場。系統的預設值是刀具直徑的 50%，所以應該可以永保安康。

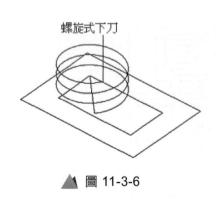

圖 11-3-6

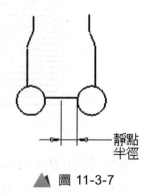

圖 11-3-7

b. **[最大半徑]**：設定螺旋下刀的最大半徑。使用預設值就可以了(刀具直徑的 100%)。

c. **[Z 方向開始位置(增量)]**：設定螺旋下刀的起點與最近要加工表面的距離。

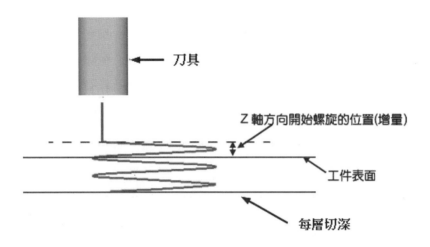

d. **[XY 預留量]**：設定螺旋下刀時，刀具離挖槽的精修邊界有多少距離。

e. **[進刀角度]**：設定螺旋的漸降角度。建議設定 3 到 5 度之間。

f. **[公差]**：設定以直線段來模擬螺旋下刀的誤差值，此向設定可搭配[圓弧過濾 / 公差]裡面的[輸出 3D 圓弧動作]來使用。螺旋下刀路徑將以圓弧的方式(G02,G03)輸出到 NC 程式。如果沒有選取此參數，那螺旋路徑會打斷為直線段而輸出。目前大部分的控制器可以接受 G02/G03 的螺旋指令，所以這參數幾乎是要打勾的；如果控制器無法接受 G02/03 螺旋指令，那參數不能打勾，否則機台會出現報警(alarm)！。

g. **[將進入點設為螺旋中心]**：如果選取挖槽邊界時有選取到存在點，作為挖槽的指定下刀點，這參數會在外形的區域內尋找第一個串連存在點作為螺旋下刀的中心。

h. **[沿著邊界斜插下刀]**：這參數會使刀具沿著邊界外形漸降下刀，以取代螺旋下刀。只有在[螺旋失敗時使用]：這選項有開啟(打勾)時，系統會在刀具路徑計算時無法以螺旋式下刀時，才以『沿邊界漸降下刀』的方式來下刀，系統在最小半徑與最大半徑之間無法產生螺旋時，稱爲螺旋式下刀失敗，這選項只有在選取**[沿著邊界斜插下刀]**時才可設定。[如果長度超過]：設定沿邊界漸降下刀的最小長度，設定這個長度的理由是爲爲了保護刀具，避免刀具以幾近垂直方式下刀。也就是如果刀具路徑計算時，在沿邊界漸降下刀的路徑長度小於這個設定值時，稱爲下刀失敗。

i. **[方向]**：設定螺旋下刀時是以順時鐘(CW)或逆時鐘(CCW)下刀。預設值是順時鐘。

j. **[如果所有進刀法失敗時]**：如果系統無法計算出螺旋下刀或是沿邊界下刀失敗時，以下的選項會被系統使用：

垂直下刀：在挖槽刀具路徑的起點直接下刀。

中斷程式：忽略最近無法下刀的挖槽區域並移到刀具路徑中下一個可以下刀的區域繼續加工。

儲存未加工區域邊界：將所忽略的挖槽區域邊界儲存爲圖素。

k. **[進刀使用的進給]**：設定螺旋下刀的進給速率，有二個選項供選擇：[下刀速率]和[進給速率]。筆者大都選取[下刀速率]，而且會將[下刀速率]設爲[進給速率]的 50～60%。

② **斜插**：對話窗如圖 11-3-8。

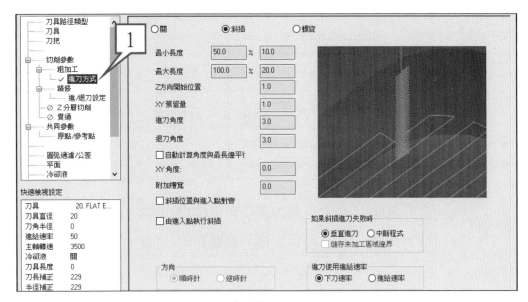

圖 11-3-8

a. **[最小長度]**：輸入刀具直徑百分比或距離作爲斜插下刀的最小長度。

b. **[最大長度]**：輸入刀具直徑百分比或距離作爲斜插下刀的最大長度。

c. **[Z 軸開始位置(增量)]**：設定斜插下刀的起點與最近要加工表面的距離。

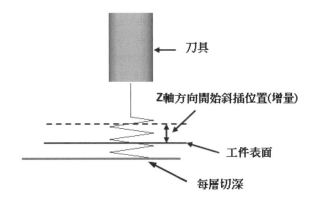

d. **[XY 預留量]**：設定斜插下刀時，刀具離挖槽的精修邊界有多少距離。

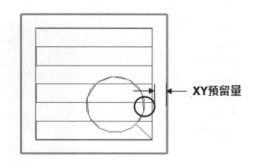

e. **[進刀角度]**：設定斜插的漸降角度(如圖 11-3-9)。

f. **[退刀角度]**：也是設定斜插的漸降角度(如圖 11-3-9)。

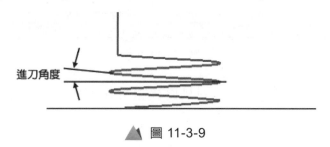

▲ 圖 11-3-9

g. **[自動計算角度(與最長的邊平行)]**：這參數不是自動計算插入插出角度。而是自動設定斜插下刀在 **XY** 平面的行進方向。系統以挖槽外形的最長區域方向為斜線下刀的方向。如果有選取自動角度，那**[XY 角度]**就不能輸入。

h. **[XY 角度]**：設定斜線下刀在 XY 平面的行進方向。

i. **[附加槽寬]**：加大斜插下刀的加工寬度，使刀具可較平滑移動和排屑，在高速加工上可得較佳的效果。

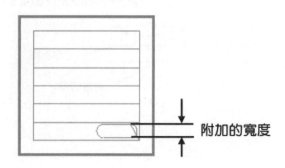

j. **[斜插位置與進入點對齊]**：挖槽有指定下刀點時，這參數會調整斜線下刀的位置與設定的下刀點(串連的第一個存在點)對齊，也就是斜線下刀的延伸方向會通過下刀點。

k. **[由進入點執行斜插]**：在指定下刀點位置斜插下刀。

l. **[方向]**：設定斜線下刀時是以順時鐘(CW)或逆時鐘(CCW)下刀.這參數只有在"附加的槽寬"的值大於 0 時才有作用。

m. **[如果斜插下刀失敗]**：說明同螺旋式下刀。

n. **[進刀使用進給速率]**：說明同螺旋式下刀。

(8) [高速切削]：當挖槽粗加工的切削方式選擇[高速切削]時(如圖 11-3-10)，系統開啟[高速切削]鈕供使用者設定高速切削的參數。

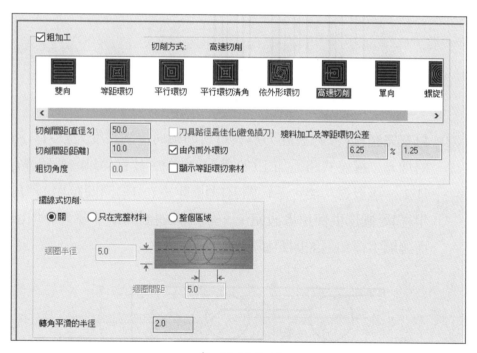

▲ 圖 11-3-10

在高速切削參數中有三種切削方式，茲說明如下：

① **關**：不使用擺線式切削方式，只在內轉角處插入以[角落平滑半徑]值為圓弧的路徑(如圖 11-3-11)。所以選取這選項時，只有角落平滑半徑欄位可供輸入。角落平滑有二個作用：減少刀具在轉角處的負荷和使路徑更平順。

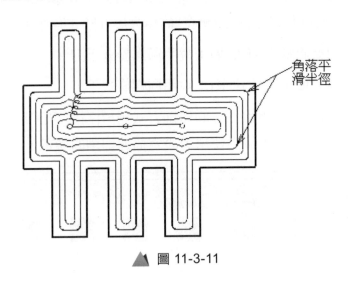

角落平
滑半徑

▲ 圖 11-3-11

② **只在完整材料**：只有在刀具與材料的橫向接觸長度大於刀具路徑間距的地方以擺線式路徑加工(如圖 11-3-12)，其它仍以一般路徑(直線式)加工。選取這功能，系統開啟[迴圈半徑]、[迴圈間距]和[轉角平滑的半徑]等欄位供使用者設定。一般建議迴圈間距不要大於切削間距，而迴圈半徑和迴圈間距值設定一樣即可。

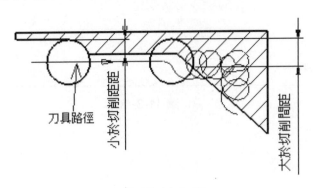

刀具路徑　小於切削間距　大於切削間距

▲ 圖 11-3-12

③ **整個區域**：整個挖槽面積都以擺線切削方式加工。

2.　**精修**

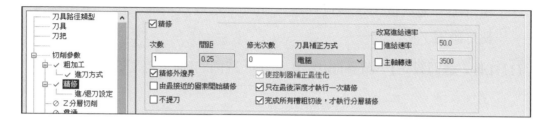

(1) **[次數]**：設定修邊次數。

(2) **[間距]**：這參數決定每一次修邊的切削量，請勿輸入 0。

(3) **[修光次數]**：設定最後精修路徑重復加工的次數。

(4) **[刀具補正方式]**：設定修邊路徑的補正方式。請參閱第 10 章外形銑削的[補正型式]的說明。

(5) **[精修外邊界]**：如果這參數有打勾，那挖槽的外形和島嶼都會修邊。如果沒有打勾，那僅會對島嶼修邊。這預設值是打勾。挖槽型式是[邊界再加工]時，這參數不要打勾。

(6) **[由最接近的圖素開始精修]**：這參數會使修邊路徑從最接近粗加工結束之地點的圖素開始修邊。如果未開啟這功能，那修邊路徑會以串連選取圖素的第一個圖素的中點作為精修路徑的進刀點。由於粗銑路徑結束的地方，常是挖槽外形的角落，而這角落常不適合作刀具路徑的進／退刀(這角落區域可能較窄)，建議如果精修路徑有設定[進／退刀向量]時，最好這功能不要打勾。

(7) **[不提刀]**：設定在修邊路徑之間是否要提刀。預設值沒有打勾。

(8) **[使控制器補正最佳化]**：如有打勾，Mastercam 會忽略刀具路徑中小於或等於刀具半徑的圓弧(朝補正方向補刀具半徑會形成負 R 的圓弧)，以避免過切或機台警示。所以作[控制器補正]時，[路徑最佳化]最好要打勾。

(9) **[只在最後深度才執行一次精修]**：這參數與分層銑削有關，它會通知系統在挖槽的最後深度時才執行修邊。如果沒開啟這功能，那會在每一層深度執行修邊。

(10)**[完成所有槽的粗切後，才執行分層精修]**：這選項通知系統在所有區域的粗銑加工完成後，才執行修邊。如果未選取這功能，每一次粗銑後，即執行修邊。

(11)**[進／退刀設定]**：請參閱第 10 章外形銑削的[進／退刀設定]的說明。

11-4　範例(挖槽)

　　本節將以(圖 11-4-1)的成品圖為範例，示範挖槽的操作步驟。但是將不示範 6mm 圓的鑽孔，留待下一章鑽孔再作介紹。在第 4 章的 4-8 節已為這工件繪製了加工圖 4-8.mcam，將以 4-8 圖檔來說明：

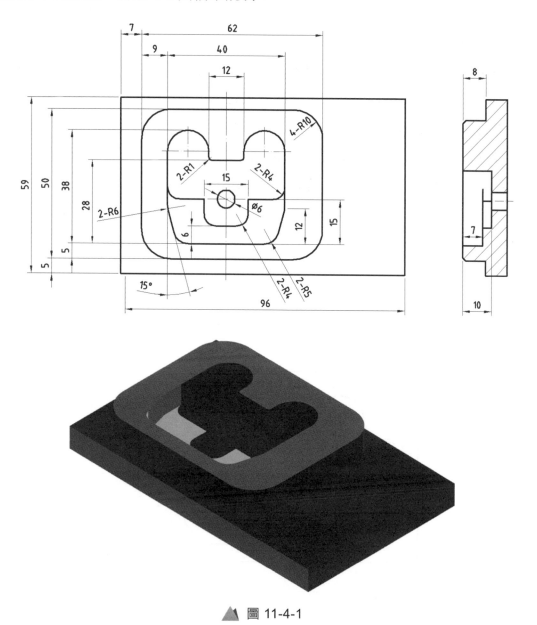

▲ 圖 11-4-1

教學影片　範例圖檔

步驟 1　掃描 QRcode\範例圖檔\第 4 章\4-8.mcam

步驟 2　選取要加工的外形

筆者以加工整個挖槽輪廓作解說，想了解只加工部分挖槽的操作步驟，請參閱 11-3 節。

1. 因圖面要挖不同深度，有兩種圖面作法，第一種將不同深度圖面交點處打斷，另一種將不同深度複製圖素至深度層，範例選擇第一種在交點處打斷。

2. 先將圖素在交點處打斷，以選取挖槽輪廓圖素(如圖 11-4-2 所示)(被選取圖素會反黃，表示被選了(如圖 11-4-2 所示))。

3. 從功能表選取[刀具路徑]→[2D]→[挖槽]。

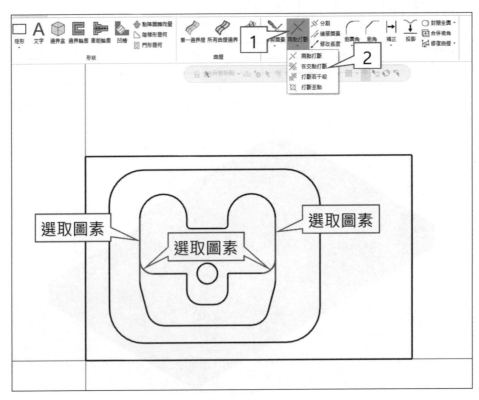

▲ 圖 11-4-2

步驟 3 設定[刀具參數]

1. 開啓挖槽對話窗(如圖 11-4-3)。

2. 串連第一層挖槽圖素(如圖 11-4-3)。

3. 對話窗裡刀具點取對話窗左上角的刀具標籤(如圖 11-4-4)建立新刀具。

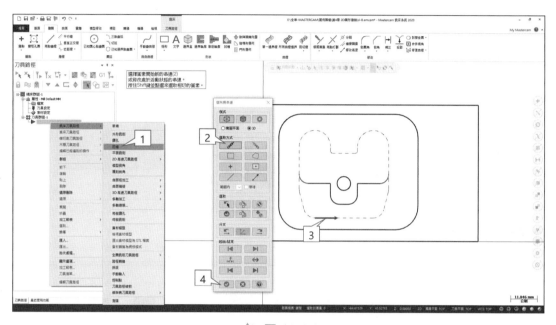

▲ 圖 11-4-3

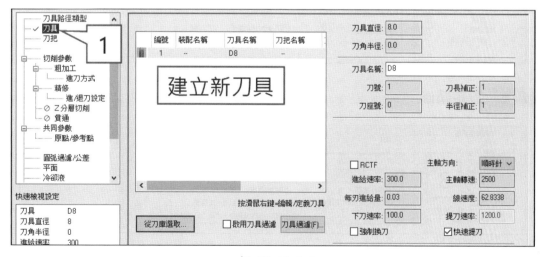

▲ 圖 11-4-4

步驟 4 設定切削參數

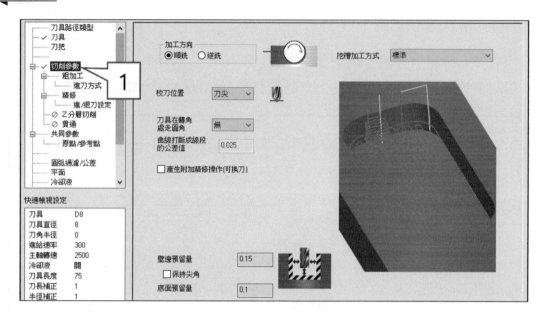

步驟 5 設定粗加工

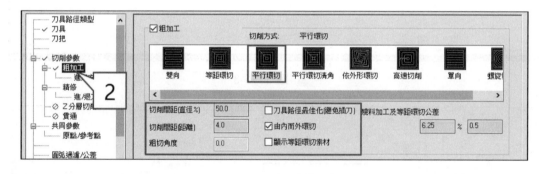

步驟 6 設定精修

步驟 7　設定進 / 退刀設定

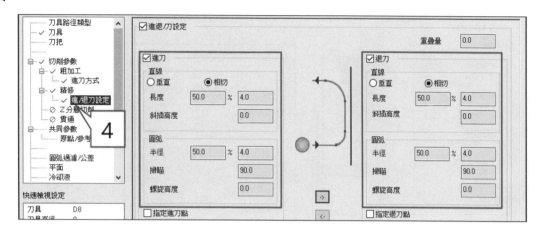

步驟 8　設定 Z 分層切削

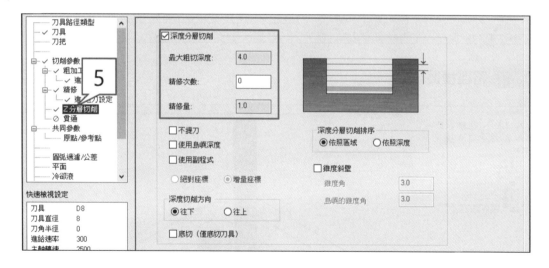

步驟 9 設定共同參數

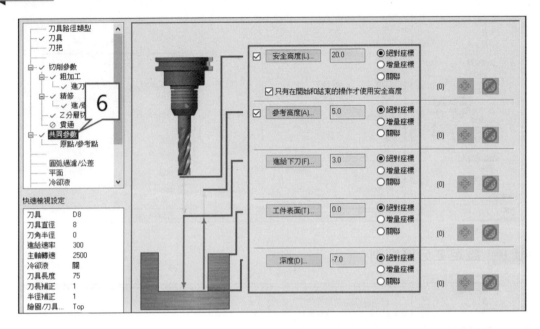

步驟 10 路徑模擬

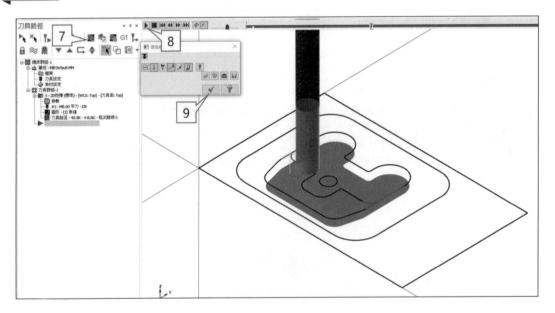

步驟 11　設定素材大小

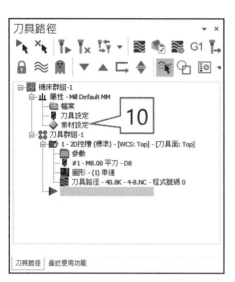

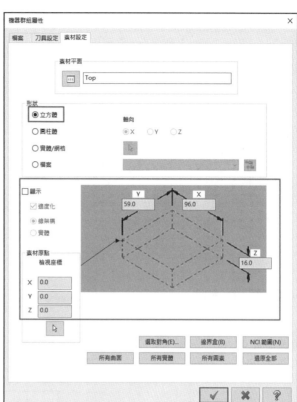

步驟 12　執行實體切削驗證

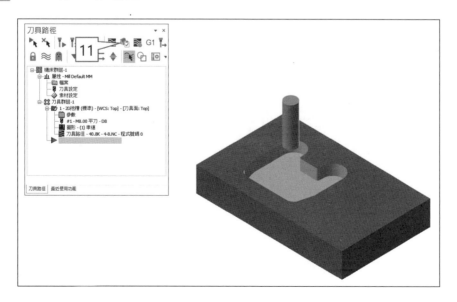

步驟 13 選擇第二層切削輪廓

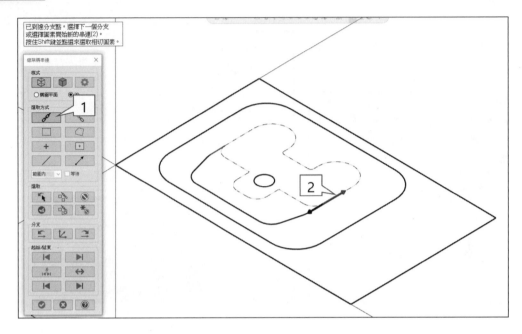

步驟 14 設定共同參數

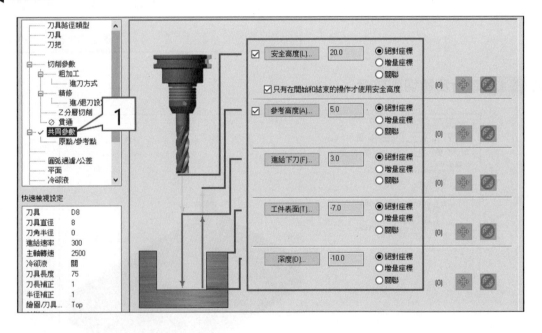

步驟 15 關閉分層切削

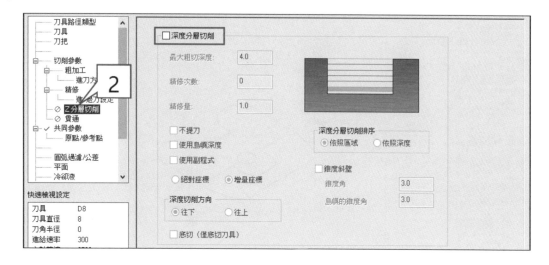

步驟 16 執行實體切削驗證

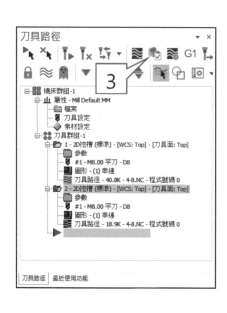

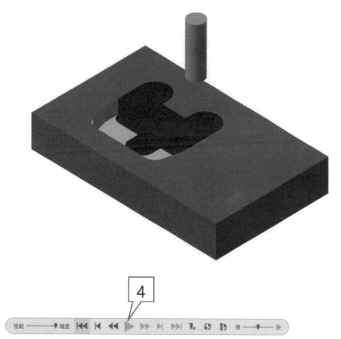

步驟 17 執行平面銑功能設定(銑出外邊界)

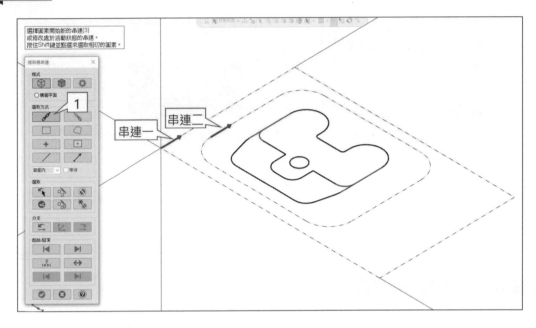

步驟 18 切削參數設定

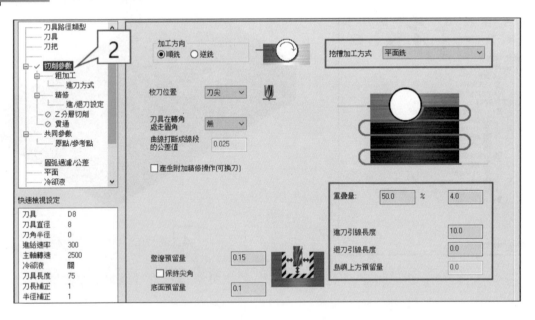

步驟 19 Z 分層切削設定

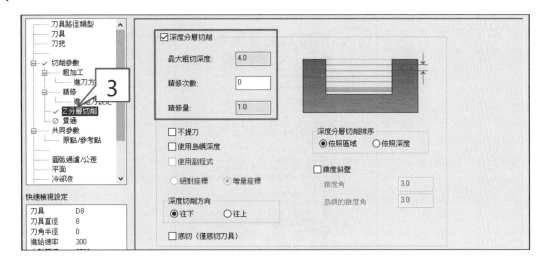

步驟 20 共同參數設定

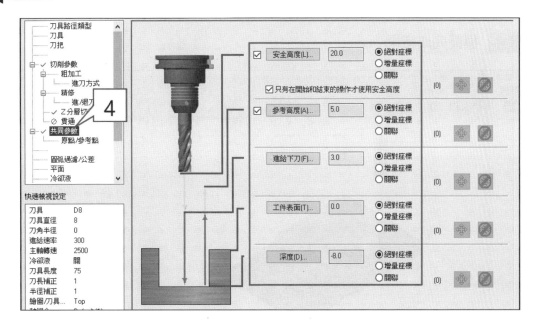

步驟 21 執行實體切削驗證

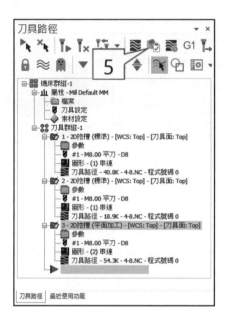

步驟 22 模擬完成結果

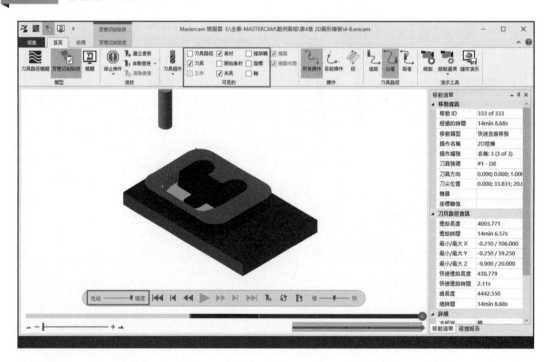

12

鑽孔

學習目標

1. 選取鑽孔座標

2. 調整鑽孔順序

3. 設定鑽孔參數

4. 調鑽孔深度和提刀高度

12-1 鑽孔位置選擇的方法

　　如何選取正確的鑽孔位置和設定適當的鑽孔參數是產生鑽孔程式的重點。本章的範例也將介紹一個在鑽孔應用上很方便的 C-hooks 功能(Hole Table)。

　　從功能表上選取[刀具路徑]→[鑽孔]後，即進入[刀具路徑孔定義]功能表(如圖12-1-1)，使用鑽孔刀具路徑時，可以直接使用滑鼠游標點鑽孔的點，或是框選點或圓弧，作為鑽孔的刀具路徑之依據，各按鍵指令如下：

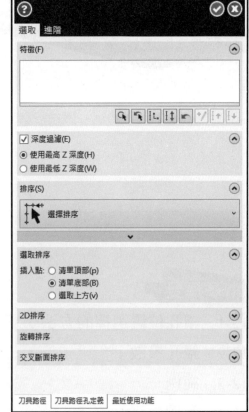

　　限定圓弧：從圖形式窗中選擇一個圓弧 Mastercam 選擇匹配直徑的圓弧中心點。

　　複製上次的點：這個選取系統會選取上一次鑽孔操作的點位置，作為這一次鑽孔操作的鑽點。如果有需求可以繼續選擇其他點。

　　副程式：選擇以前建立的刀具路徑，並將新作套用於其選定點。

　　反向順序：反轉點順序，排序次序自動設定為選擇順序。

　　重置為原始順序：將所選點重置回其原始順序。

　　更改點上的參數：顯示更改點上的參數，可設定所選點的特定參數。

　　向上移動：在特徵清單中向上移動選定的點。

　　向下移動：在特徵清單中向下移動選定的點。

▲ 圖 12-1-1

選擇排序：選擇一個點排序模式，使您所規劃的鑽孔刀具路徑最佳化，圖像中的紅色點指示 Mastercam 鑽孔刀具路徑中的第一個鑽孔點位置。這個選項會出現『排序』對話視窗，這對話視窗對所選取的鑽點提供各種不同的排列選項。共有『2D 排序』、『旋轉排序』、『交叉斷面排序』等三種方法；而每個方法各有 12 至 17 種不同的順序。原則上『2D 排序』較適合於平面網格點的排序；『旋轉排序』則較適合於圓周點方面的排序；至於『交叉斷面排序』較適合於在圓柱上(第四軸)的鑽點排序，以因應在鑽孔刀具路徑最佳化符合操作者之習慣。

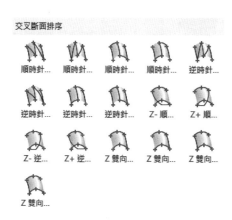

圖 12-1-2

公差：搭配限定半徑使用，設定自動搜尋誤差值。換句話說，就是與選取基準圓弧大小時，相差在誤差值內的圓，會被系統自動搜尋選取。

選取的特徵為圓弧時，會顯示直徑值

設定使用限定圓弧時，篩選圓弧時的公差

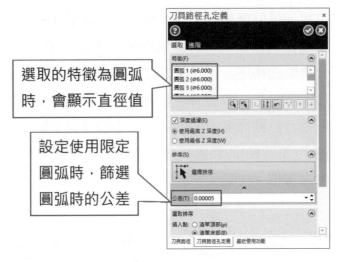

▲ 圖 12-1-3

12-2 鑽孔參數

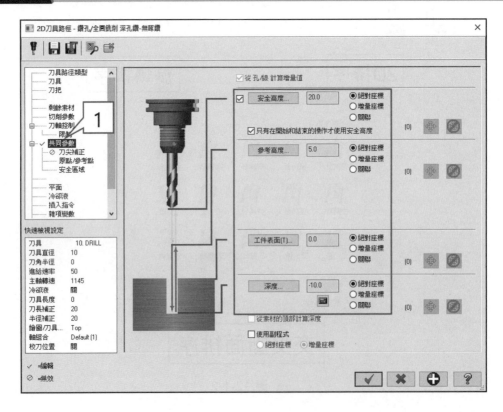

1. **安全高度**：安全高度是每一個操作的起始高度，每一個操作要開始執行時，刀具會先下刀到此高度，操作結束時也會移動到此高度。這參數如有打勾，刀具先從換刀高度下降(以 G0)到安全高度，再下降到參考高度(以 G0)才開始鑽孔，NC 程式可以以 G98 模式或 G99 二種模式來鑽孔(**[只有在開始和結束的操作才使用安全高度]**是否打勾而定)。[安全高度]如沒有打勾，刀具會從換刀高度直接下降到參考高度開始鑽孔，NC 程式則以 G99 模式鑽孔，二個鑽點之間以**[參考高度]**來移動(如圖 12-2-1)。

    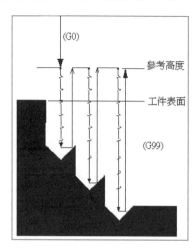
    ▲ 圖 12-2-1

    以**增量座標**設定安全高度時，是以**[工件表面]**爲基準，往上設定安全高度。

2. **只有在開始和結束的操作才使用安全高度**：這參數只有在[安全高度]打勾時，才會開啓。這個參數有打勾時，刀具在一開始會將下降到安全高度，但孔與孔之間的移動，刀具以參考高度(在鑽孔的 NC 程式稱爲 R 點高度)移動(G99)(如圖 12-2-2 的左圖)；這參數若沒有打勾，則輸出 G98，孔與孔之間以安全高度移動(如圖 12-2-2)。

    以**增量座標**設定參考高度時，是以**[工件表面]**爲基準，往上設定參考高度。

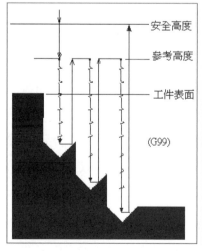
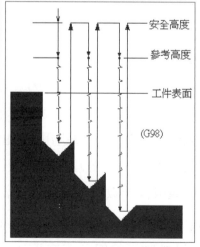

▲ 圖 12-2-2

3. **參考高度**：設定鑽孔的 R 點高度。R 點是鑽頭開始以 F 進給速率鑽孔的高度。

4. **工件表面**：[工件表面]是設定材料在 Z 軸的高度。

   以增量座標設定工件表面時，以選取的鑽孔點為基準，來設定工件表面。

5. **深度**：設定鑽孔深度。

   以**增量座標**設定鑽孔深度時，以選取的鑽孔點為基準，來設定設定鑽孔深度。

6. 🔲 **深度計算機**：這功能能用在產生鑽孔的倒角時，非常好用，它可以計算出倒角的刀具深度，適用的刀具有點鑽、魚眼孔鑽和倒角刀。在計算機圖示上點一下滑鼠左鍵，進入[深度計算]設定視窗(如圖 12-2-3)。

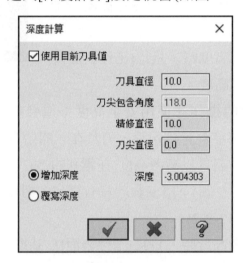

▲ 圖 12-2-3

在這視窗中主要是以**[刀具直徑][刀尖的角度]**、**[精修直徑]**和**[刀尖直徑]**這四個參數來計算出鑽孔深度(如圖 12-2-4)。**[使用目前的刀具值]**有打勾的話，系統會以目前操作所選用刀具的刀尖角度作為角度輸入值；如沒有打勾的話，使用者可以在視窗中修改刀尖角度。

計算出來的深度值，可以選用**[增加深度]**以將參數頁所設定的鑽孔深度加上這視窗的深度值，成為刀具的實際鑽孔深度。也可以選用**[覆蓋深度]**以這視窗的深度值取代參數頁設定的鑽孔深度。

注意：設定為**[增加深度]**時，在同一操作中，每次進入這視窗並選取**[確定]**鈕，會讓參數頁的鑽孔深度再加一次深度計算機的深度，造成錯誤的鑽孔深度，這一點使用者要小心。

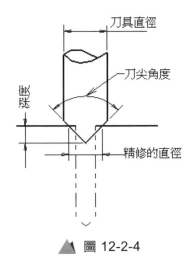

刀具直徑

刀尖角度

深度

精修的直徑

▲ 圖 12-2-4

7. **使用副程式**：讓 NC 程式以主、副程式的方式輸出 NC 程式(如圖 12-2-5)。

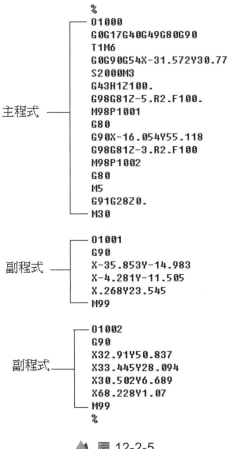

```
%
O1000
G0G17G40G49G80G90
T1M6
G0G90G54X-31.572Y30.77
S2000M3
G43H1Z100.
G98G81Z-5.R2.F100.
M98P1001
G80
G90X-16.054Y55.118
G98G81Z-3.R2.F100
M98P1002
G80
M5
G91G28Z0.
M30

O1001
G90
X-35.853Y-14.983
X-4.281Y-11.505
X.268Y23.545
M99

O1002
G90
X32.91Y50.837
X33.445Y28.094
X30.502Y6.689
X68.228Y1.07
M99
%
```

主程式

副程式

副程式

▲ 圖 12-2-5

8. **刀尖補正**：刀尖補正功能可以控制鑽頭刀尖貫穿工件底部的距離。刀尖補正有打勾時，眞正的鑽孔深度是[深度+貫穿距離+刀尖長度]。

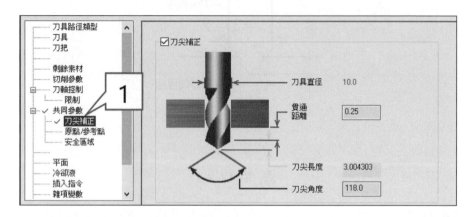

(1) **刀具直徑**：顯示使用的鑽頭直徑。

(2) **貫穿距離**：設定鑽頭貫穿材料底部的距離。眞正的鑽孔深度會加上這值。

(3) **刀尖長度**：系統會由刀具直徑和刀尖角度來自動算出刀尖長度。

(4) **刀尖角度**：輸入鑽頭的鑽尖角度。一般鑽頭爲 118 度。系統會以這值與鑽頭直徑來計算刀尖長度。

9. **鑽孔循環**：鑽孔循環參數提供七種鑽孔循環和十三種自定循環供選擇。請用拖拉功能表來選取以下其中一種選項：

(1) **鑽孔 / 沉頭鑽孔**：從參考高度開始，以不提刀方式鑽到孔底。建議鑽孔深度小於鑽頭直徑 3 倍以內，和鑽頭直徑大於 3mm 以上才可以使用這功能鑽孔。

(2) **深孔啄鑽(G83)**：供鑽孔深度大於鑽頭直徑 3 倍以上的鑽孔使用。當提刀退屑時，鑽頭會完全退出孔外(升到參考高度)後再下刀。常用於難以排屑的加工。
   註記：刀具路徑模擬時，每次啄鑽的提刀動作不會顯示。

(3) **斷屑式(G73)**：供鑽孔深度大於鑽頭直徑 3 倍的鑽孔方式使用。鑽頭以稍微提刀方式來斷屑。

(4) **攻牙(G84)**：攻左螺紋孔或右螺紋孔。G84 指令為右螺旋攻牙循環，執行 G84 指令之前，主軸處於正轉狀態(M03)，待執行攻牙循環至孔底時，主軸為反轉退刀至參考點或起始點，於退刀至參考點之同時，主軸又恢復為正轉。

(5) **Bore#1 (feed-out)**：以進給速率下刀及退刀的方式搪孔，可產生直且表面平滑的孔。

(6) **Bore#2 (stop spindle, rapid out)**：以進給速率下刀、主軸停止及快速提刀的方式搪孔。

(7) **Fine Bore (shift)**：搪到孔底後，主軸停止，主軸轉旋到一方向定位、搪刀刃口偏離孔壁後，快速提刀，使搪刀得以不刮傷加工面即退回參考點或起始點。

(8) **Rigid Tapping Cycle**：同 G84 攻牙，惟其中主軸旋轉指令會被 M29 指令取代，增加主軸定位功能。

(9) **自設循環 9 至 20**：使用鑽孔自設循環參數來鑽孔，請參閱"自設循環參數"。

① **首次啄鑽**：設定第一次啄鑽時的鑽入深度。啄鑽方式是供鑽頭退屑及排屑之用。請為首次切量在欄位中輸入一數值。如使用 FANUC 和三菱控制器時，鑽孔循環的 Q 值由這欄位決定(如圖 12-2-6)。

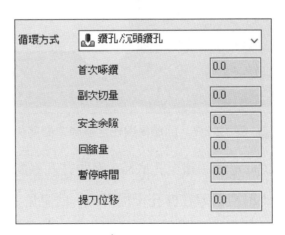

▲ 圖 12-2-6

② **副次切量**：設定首次切量之後所有的每次啄鑽量。對一般 FANUC 和三菱控制器上的 NC 程式，這欄位沒有作用。

③ **安全餘隙**：安全餘隙是指每次啄鑽鑽頭快速下刀到某一深度時，這一深度與前一次鑽深之間的距離稱爲安全餘隙。對 FANUC 和三菱控制器而言，這欄位沒有作用，因爲安全餘隙是由控制器上的參數設定的。

④ **回縮量**：指鑽頭每作一次啄鑽時的提刀距離。對 FANUC 和三菱控制器這欄位沒有作用，因爲回縮量由控制器上的參數設定。

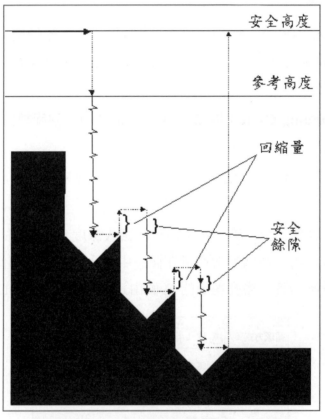

▲ 圖 12-2-7　回縮量與安全餘隙之間關係

⑤ **暫留時間**：設定鑽頭鑽至孔底時，鑽頭在孔底的停留時間(單位：秒)。

⑥ **提刀位移**：單刃搪刀在搪孔後提刀前，爲避免刀具刮傷孔壁，可將刀具偏移一距離以遠離圓孔內面後再提刀。此參數設定偏移距離，且僅適用於搪孔(G76)加工。

12-3 範例一

操作步驟

教學影片　範例圖檔

步驟 1 掃描 QRcode\範例圖檔\第 12 章\範例一.mcam

1. 選取[檔案]→[開啟]。

2. 請掃描 QRcode\範例圖檔\第 12 章的資料夾中選取範例一.mcam 圖檔。

3. 讀取的圖檔顯示如圖 12-3-1。

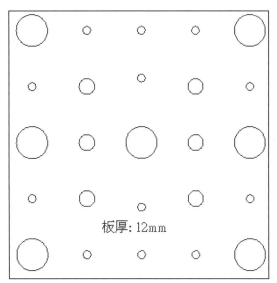

板厚: 12mm

註: 所有直徑6mm孔需絞孔(H7配合公差)

▲ 圖 12-3-1

步驟 2　統計圓孔

　　由於圖中沒有標示孔徑，以分析功能一個一個孔檢查也太慢。Mastercam 2020 之前的版本提供一個 C-Hook 功能：HoleTable.dll 供使用者統計繪圖區全圓的資料 (弧不會被統計)。Mastercam 2020 將此功能放置於[標註]頁籤內。

1.　選取[標註]→[註解]→[孔列表]。在出現[孔表單]對話視窗(如圖 12-3-2)，說明如下：

線架構：過濾所選擇的圖素僅包含線架構孔圖形。

面：過濾所選擇的圖素僅包含實體面上的孔。

邊緣：過濾所選擇的圖素僅包含孔的實體邊線。

主體：過濾所選擇的圖素僅包含實體中的孔。

移動：返回繪圖區，為孔表單選擇新的位置。

文字高度：設定孔表中文字的高度。

對齊圓心：將標籤與所選的孔中心對齊。

對齊端點：將標籤與所選的孔端點對齊。

對齊中點：將標籤與所選的孔中點對齊。

直徑百分比：設定與所選的孔有關的標籤大小。

最大高度：設置創建的標籤的最大高度。

單位：區分直徑和半徑兩種模式。

顯示：區分數量及座標點位置，座標點位置又區分相對於構圖平面、刀具平面、WCS 及世界座標系統。

相對於原點：選擇以顯示孔表單中的孔相對於所選平面原點的位置。

顯示為 2D：僅顯示 X、Y 座標位置。

圖 12-3-2

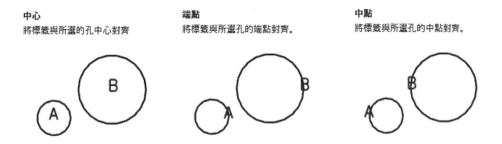

註：Mastercam 2019 以前版本的讀者請以按[Alt+C]鍵的方式進入孔列表的功能。

2.　參數設定如同圖 12-3-2 所示，並窗選繪圖區所有圖素。

3.　窗選繪圖區欲統計的圖素後，系統會自行產生孔表清單，如圖 12-3-3。

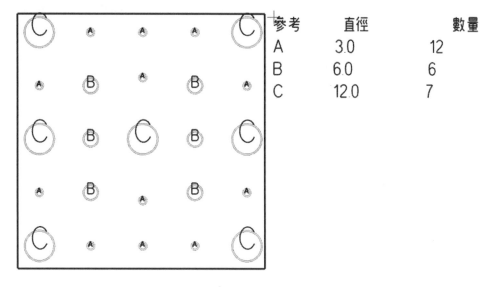

參考	直徑	數量
A	3.0	12
B	6.0	6
C	12.0	7

▲ 圖 12-3-3

　　Mastercam 統計出目前繪圖區有直徑 3mm 圓孔 12 個(以 A 標示)、6mm 圓孔 6 個(以 B 標示)、12mm 圓孔有 7 個(以 C 標示)。統計表和 A、B 和 C 標籤都是以註解文字形式顯示的繪圖區。

步驟 3　選取所有的圓弧產生中心鑽刀具路徑

1.　改變作圖層到第 1 層，並將第 2 層關閉，不顯示圓孔統計表。

2.　選取[刀具路徑]→[鑽孔]→[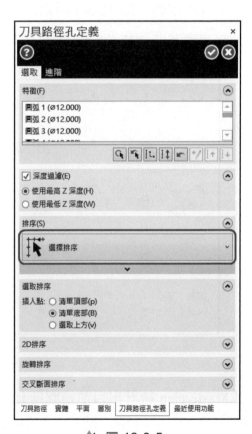]→[執行]。

Mastercam 依全圓的繪製順序來排列鑽孔順序(如圖 12-3-4)，第一個鑽孔位置以紅色十字顯示。[刀具路徑孔定義]功能表(如圖 12-3-5)，以供使用者再增選鑽孔位置或調整鑽孔順序。

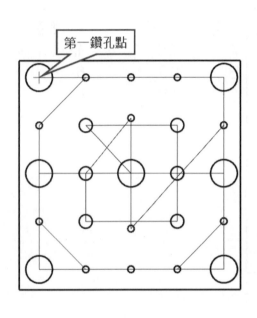

第一鑽孔點

▲ 圖 12-3-4

▲ 圖 12-3-5

注意：以[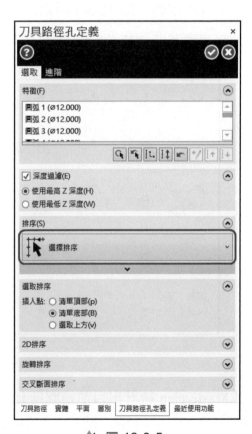]來選取鑽孔位置時，由於弧也包含內，在繪圖區裡有弧存在時，請先將弧隱藏或刪除，否則會在弧的二端點產生鑽孔路徑。

3. 調整鑽孔順序：選取對話視窗上的[選擇排序]，點開下拉式選單後。選取以右下角起始鑽孔位置、往 Y 雙向+X−鑽孔的圖示(如圖 12-3-6)後，選取[確定]鈕，結束[點的順序]設定。

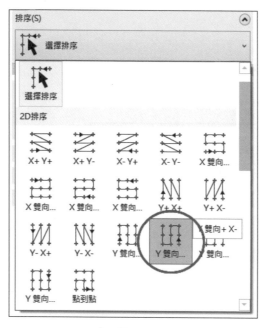

▲ 圖 12-3-6

4. 鑽孔順序經調整後顯示如圖 12-3-7。

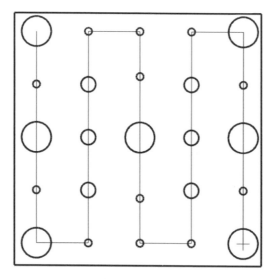

▲ 圖 12-3-7

5. 完成以上鑽孔位置的選取和鑽孔順序的調整後，選擇對話視窗上的[確認]選項，進入鑽孔參數設定(如圖 12-3-8)。

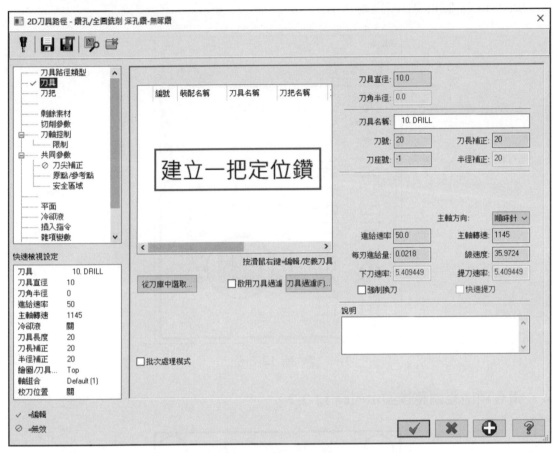

圖 12-3-8

6. 滑鼠移動到刀具顯示區，按下滑鼠右鍵，在右鍵功能表中選取[建立刀具]。

7.　系統進入[定義刀具]視窗，刀具型式請選取"定位鑽"(如圖 12-3-9)。

▲ 圖 12-3-9

8.　在定義定點鑽畫面的標準尺寸欄位中輸入 6×90 (如圖 12-3-10)。

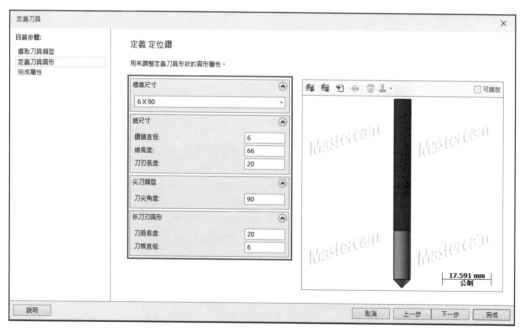

▲ 圖 12-3-10

9. 在完成屬性頁面，輸入[進給速率]輸入：100，主軸轉速輸入：1000(如圖 12-3-11)。其它的欄位不用改。選取[完成]鈕，結束定義刀具。

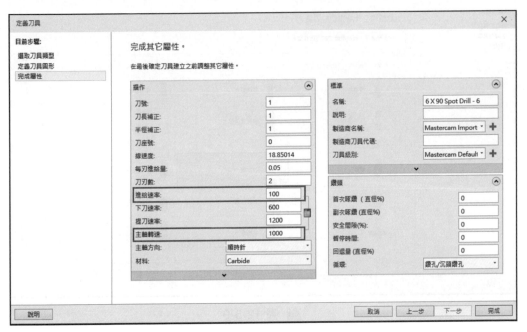

▲ 圖 12-3-11

10. 操作畫面回到[刀具]，其內容如圖 12-3-12。

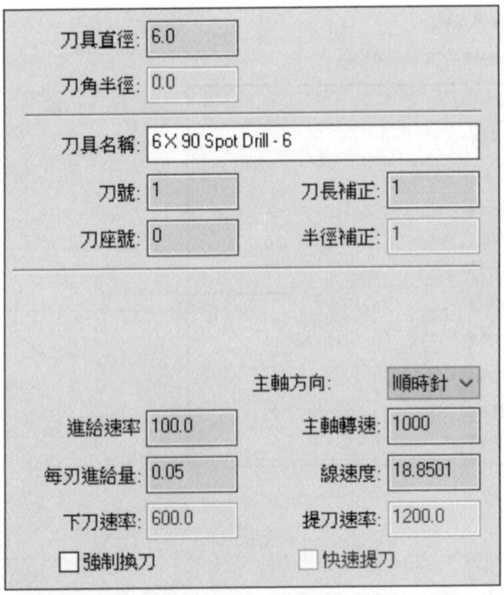

▲ 圖 12-3-12

11. 選擇[鑽孔 / 沉頭鑽孔]循環，將鑽孔參數設定如圖 12-3-13，鑽孔循環選取[鑽孔 / 沉頭鑽孔]。(會產生 G81/G82 的指令)。

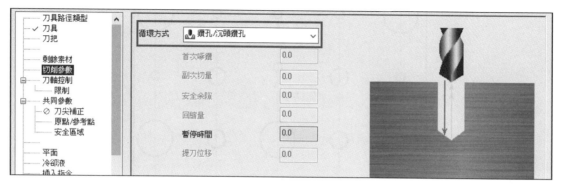

▲ 圖 12-3-13

12. 設定共同參數後如圖 12-3-14。

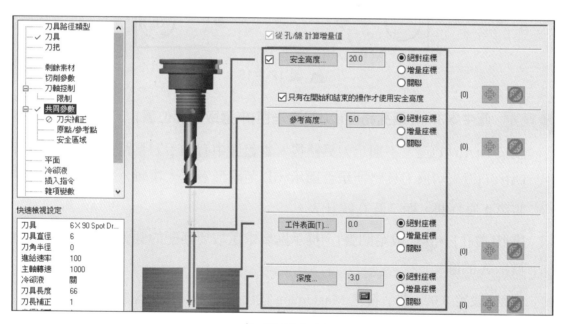

▲ 圖 12-3-14

13. 選擇[確認]。鑽孔路徑產生如圖 12-3-15。

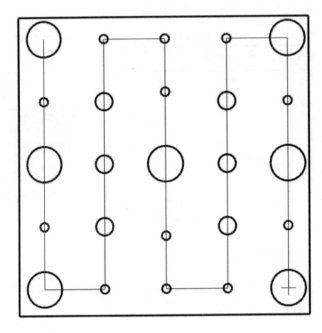

▲ 圖 12-3-15

步驟 4 **產生 φ3mm 鑽孔路徑(以[限定半徑]來選取鑽孔位置)**

1. 請按下[Alt+T]鍵,不顯示刀具路徑。當畫面中有顯示刀具路徑時,可以按下 [Alt+T]鍵來切換刀具路徑是否顯示,以免圖形看起太複雜。

2. 將第 2 層打開,顯示圓孔統計表。

3. 選取[鑽孔]→[🔍 限定圓弧],提示區要求選取要匹配的圓弧。請選取任一個 標示 A 的圓。

4. 公差:設定 0.02,表示希望 Mastercam 找出與基準圓弧半徑誤差在 0.02 的圓。 另外,如果基準圓弧使用者選取的是弧,Mastercam 只會找出半徑誤差內的 弧;如果基準圓弧選取的是圓,它只會找出誤差內的圓。

5. 在對話視窗上選取[⊙]快速選擇所有圓弧。[限定半徑]這功能所選取的圓孔 如圖 12-3-16,它選取了所有直徑 3mm 的圓。

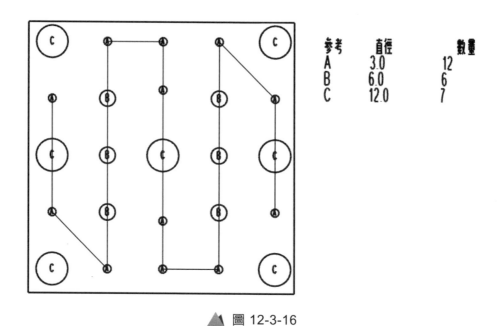

參考	直徑	數量
A	3.0	12
B	6.0	6
C	12.0	7

▲ 圖 12-3-16

6. 選取主功能表上的[執行]選項，結束鑽孔位置的選取，進入鑽孔參數設定頁(如圖 12-3-17)。

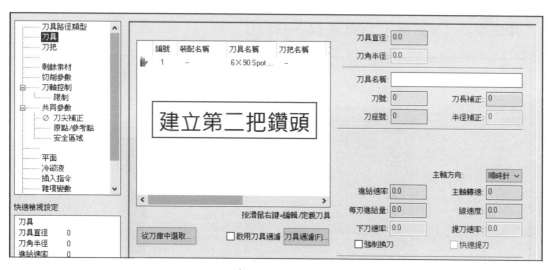

▲ 圖 12-3-17

7. 滑鼠移動到刀具顯示區，按滑鼠右鍵在右鍵功能表中選擇[建立刀具]。

8.　在[定義刀具]視窗中[刀具類型]請選取"鑽頭"(如圖 12-3-18)。

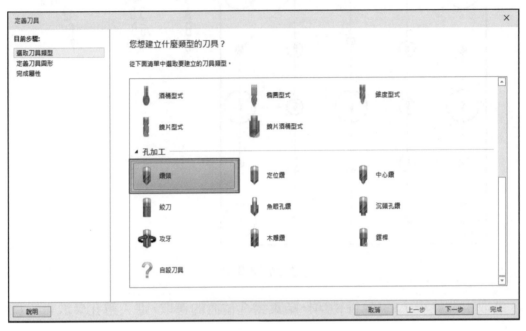

▲ 圖 12-3-18

9.　鑽頭標準尺寸請輸入 3 (如圖 12-3-19)。

▲ 圖 12-3-19

10. 選取[定義刀具]視窗中的[完成屬性]標籤，在[進給速率]欄位輸入 140，[主軸轉速]輸入：1800，其它的欄位不用改(如圖 12-3-20)。

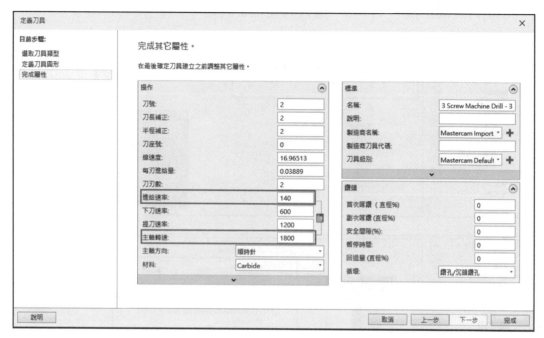

▲ 圖 12-3-20

11. 選取[完成]鈕結束[定義刀具]的設定。畫面回到鑽孔的刀具參數視窗(如圖 12-3-21)，刀具顯示區新增了 2 號刀 φ3mm 鑽頭。

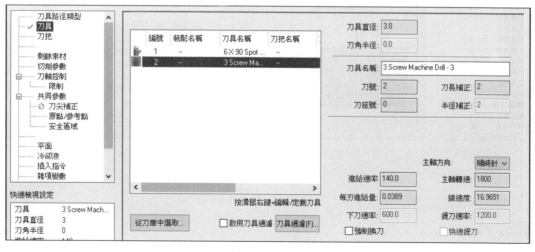

▲ 圖 12-3-21

12. 選擇[切削參數]，請將鑽孔參數設定如圖 12-3-22 所示內容。共同參數鑽孔深度設定-12mm 深，循環方式選取[深孔啄鑽(G83)]。φ3 孔要貫穿板厚，所以先將**[刀尖補正]**鈕「打勾」，進入刀尖補正設定。

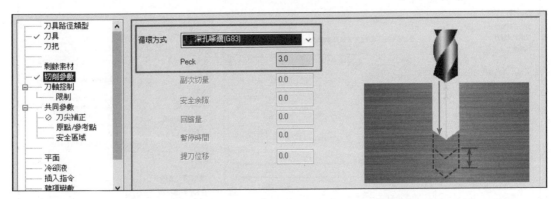

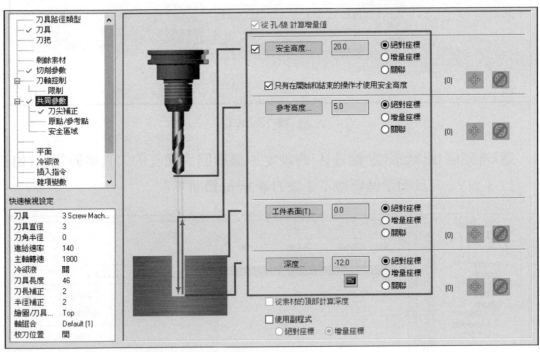

圖 12-3-22

13. [貫通距離]輸入 2 (如圖 12-3-23)，選擇[確定]鈕，結束刀尖補償設定。3mm 鑽頭的實際鑽深= 12 + 2 + 0.90129≒14.9。

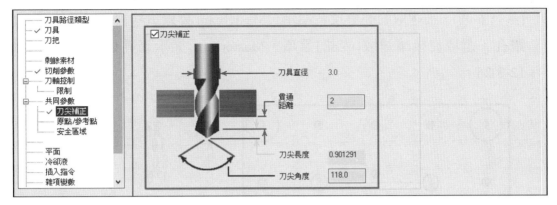

▲ 圖 12-3-23

14. 回到鑽孔參數視窗，選擇[確定]鈕。第二把刀 φ 3mm 鑽頭刀具路徑顯示如圖 12-3-24。

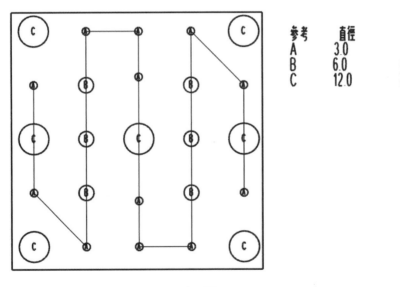

▲ 圖 12-3-24

步驟 5 產生 φ6 孔的鑽孔路徑(以 φ5.8 鑽頭鑽孔)

1. 選取[刀具路徑]→[2D]→[鑽孔]，移動游標到繪圖區直接選取所有標示 B 的圓 (共有 6 個)，被選取的圓會反黃顯示，Mastercam 會以這些被選取圓的圓心來 鑽孔。選取完後請選取[確認]選項，Mastercam 顯示鑽孔位置和順序如圖 12-3-25。

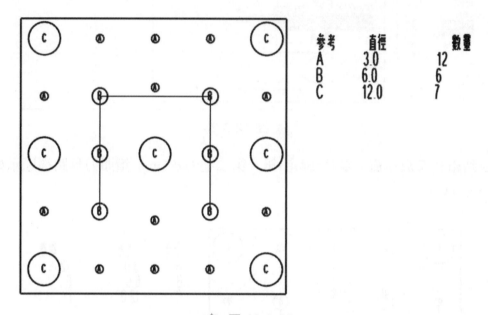

▲ 圖 12-3-25

2. 再選取對話視窗上的[確認]選項，結束鑽孔位置的選取，進入鑽孔參數設定 視窗。

3. 產生直徑 5.8 鑽頭的鑽孔路徑，其[切削參數]、[共同參數]及[刀尖補正]設定
   分別如圖 12-3-26 和圖 12-3-27。

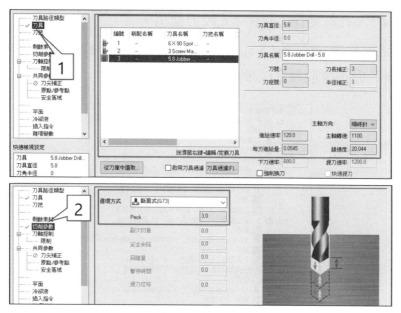

▲ 圖 12-3-26

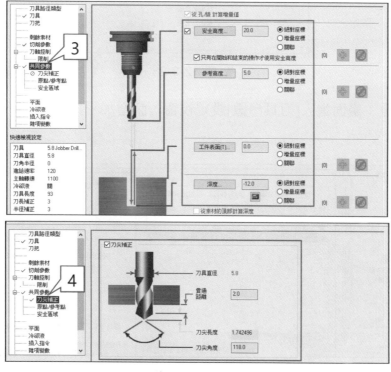

▲ 圖 12-3-27

步驟 6　**產生 φ6 鉸孔路徑**

由於直徑 6mm 鉸孔的鑽孔位置和直徑 5.8mm 鑽孔操作相同，我們可以用[關聯操作]來將 φ5.8 孔的操作，以供 φ6 鉸刀使用。

1. 在[刀具路徑管理]選擇 φ5.8 孔的操作按滑鼠右鍵不放拖拉至下方選擇複製之前或之後。顯示選取視窗(如圖 12-3-28)。

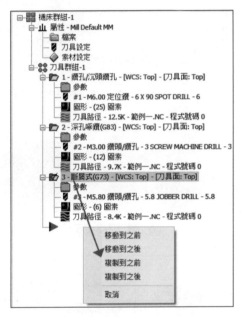

▲ 圖 12-3-28

選取參數：畫面進入[刀具參數]設定視窗，請增加一把直徑 6mm 鉸刀(如圖 12-3-29)。

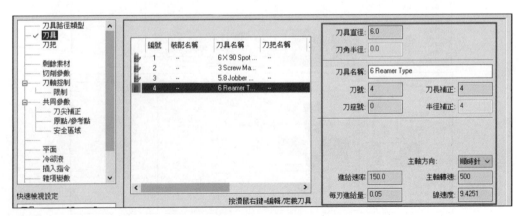

▲ 圖 12-3-29

2.　鑽孔參數請設定如圖 12-3-30。

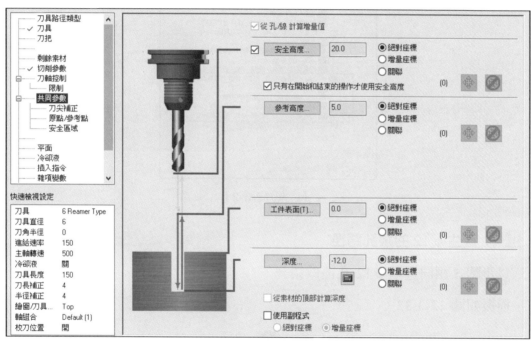

圖 12-3-30

3.　選取[確定]鈕，結束直徑 6mm 鉸刀的刀具路徑設定。

4. φ6 鉸刀的刀具路徑即出現在操作管理員中(如圖 12-3-31)。

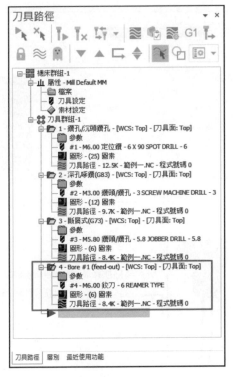

▲ 圖 12-3-31

步驟 7 產生 φ12 的鑽孔路徑

1. 以步驟 5 相同選取 φ12 孔徑做鑽孔。

2. 模擬如圖 12-3-32。

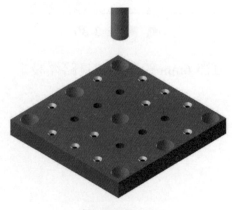

▲ 圖 12-3-32

12-4　範例二

範例二將示範如何在如圖 12-4-1 所示的工件，在不同的面上各攻三個 M6×1.0−20 深的牙和如何使用[深度計算機]來計算倒角的鑽孔深度。

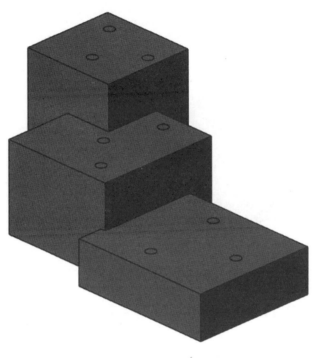

使用刀具:
T1: 直徑10mm點鑽

T2: 直徑5.1鑽頭

T3: M6牙刀

▲ 圖 12-4-1

操作步驟

教學影片　範例圖檔

步驟 1 掃描 QRcode\範例圖檔\第 12 章\範例二.mcam

1. 請先開啟一新檔。

2. 選取[檔案]→[開啟]。

3. 請掃描 QRcode\範例圖檔\第 12 章的資料夾中選取[範例二.mcam]圖檔，讀取的圖檔顯示如圖 12-4-1。

步驟 2 　產生點鑽的刀具路徑

1. 由於圖形是以直線和要鑽孔的圓所組成，沒有其它的弧；我們可以以選取所有的圓弧的方式來選取鑽孔位置。請選取[刀具路徑]→[2D]→[鑽孔]→[選取全部的圓弧圖素◎]，繪圖區上顯示鑽孔位置和順序(如圖 12-4-2)。

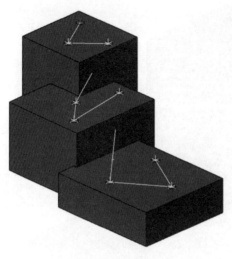

▲ 圖 12-4-2

2. 接受目前的鑽孔順序，選取[確認◎]選項，進入刀具參數設定視窗(如圖 12-4-3)。

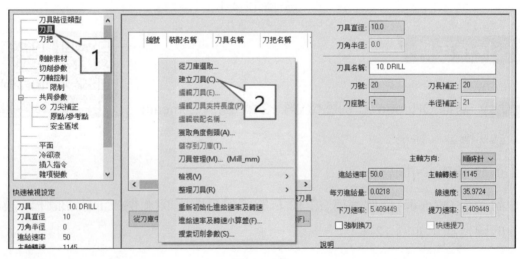

圖 12-4-3

3. 滑鼠移動到刀具顯示區，按滑鼠右鍵會出現右鍵功能表，選擇[建立刀具]。

4.　在[定義刀具]視窗中[選取刀具類型]請選取"定位鑽"(如圖 12-4-4)。

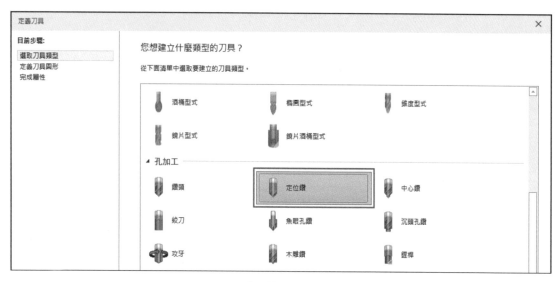

▲ 圖 12-4-4

5.　在定義刀具圖形中的標準尺寸欄位輸入 10，系統會自動從標準刀具庫中搜尋到 10×90 的定位鑽(如圖 12-4-5)。

▲ 圖 12-4-5

6. 選取[**完成屬性**]標籤，將[進給速率]設為 100，[主軸轉速]設為 1000，其它的
   欄位不用改(如圖 12-4-6)後，選取[完成]鈕，結束定義刀具。

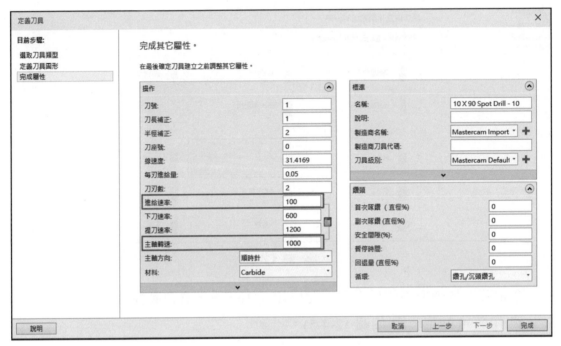

▲ 圖 12-4-6

7. 畫面回到[刀具參數]視窗，其內容如圖 12-4-7。

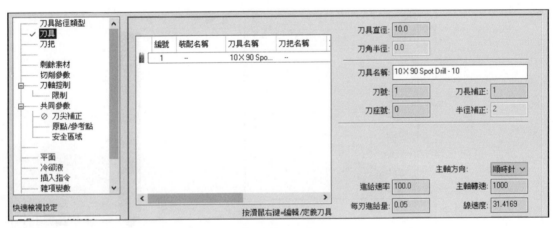

▲ 圖 12-4-7

8. 選擇**[鑽孔／沉頭鑽孔]**標籤，請將鑽孔參數設定如圖 12-4-8。

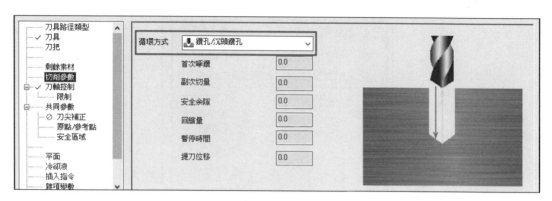

圖 12-4-8

9. 由於這些孔目標是要攻牙，我們可以將中心鑽鑽深一點，以先產生 M6 孔的倒角。選取[深度計算]圖示，進入[深度計算]視窗，請視窗內容設定如圖 12-4-9 後，選取[確定]鈕。

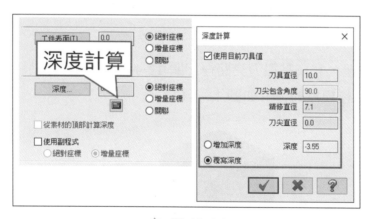

圖 12-4-9

10. 鑽孔參數中的[深度]值結果變更為−3.55(如圖 12-4-10)。

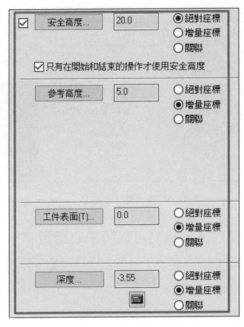

▲ 圖 12-4-10

11. 選取[確定]鈕，完成點鑽刀具路徑如圖 12-4-11。讀者可以將螢幕視角切換到前視圖，路徑模擬的情形如圖 12-4-12。

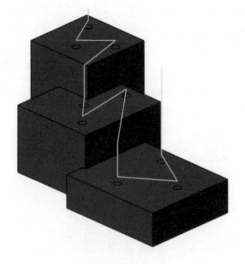

▲ 圖 12-4-11

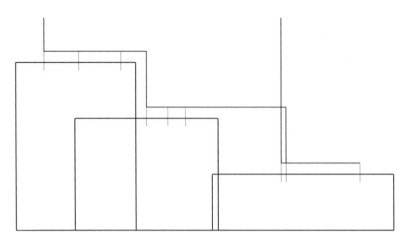

▲ 圖 12-4-12

步驟 3　產生直徑 5.1mm 鑽頭的刀具路徑

1.　於[刀具路徑管理]。滑鼠左鍵點選[操作 1]，隨即右鍵按壓不動，拖拉到紅色
　　三角形處放開右鍵，複製[操作 1]到[操作 1]之後。(如圖 12-4-13)。

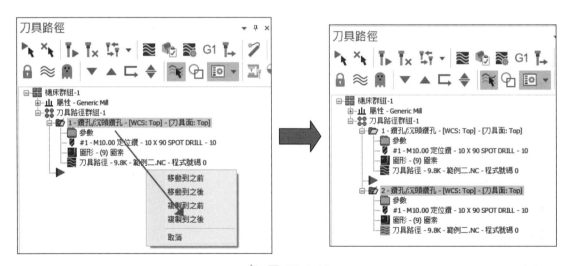

▲ 圖 12-4-13

2. 請在操作管理員中複製一個中心鑽的操作，結果如圖 12-4-14。複製操作的步驟。

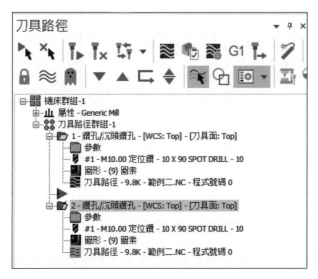

▲ 圖 12-4-14

3. 選取第 2 個操作的參數圖示(如圖 12-4-14 所示)，進入刀具參數設定視窗(如圖 12-4-15)。

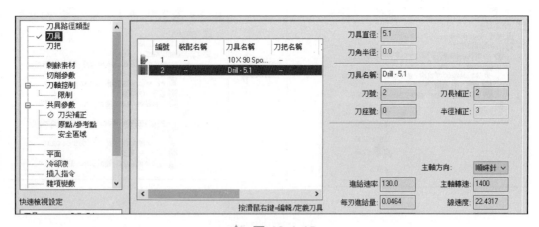

▲ 圖 12-4-15

4. 請以建立新刀具的方式產生直徑 5.1mm、進給速率：130、主軸轉速：1400 的鑽頭。使刀具參數視窗如圖 12-4-15。

5. 將切削參數及共同參數設定如圖 12-4-16。

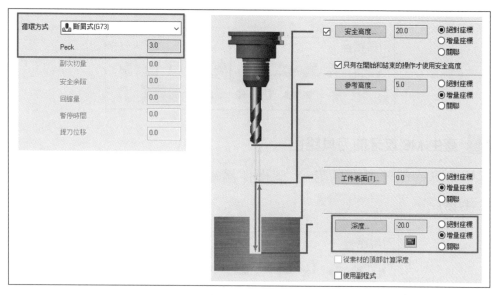

▲ 圖 12-4-16

6. 選擇[確定]鈕，結束鑽孔參數的設定，畫面回到刀具路徑管理(如圖 12-4-17)。

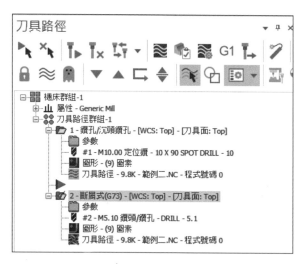

▲ 圖 12-4-17

7. 選取刀具路徑管理上的[重新計算 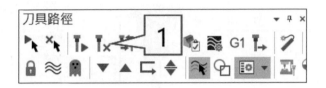鈕，將第二個操作重新計算，即產生直徑 5.1 鑽頭的刀具路徑。

步驟 4 **產生 M6 攻牙的刀具路徑**

1. 再於刀具路徑管理中以第 2 個操作為複製對象，產生第 3 個操作(如圖 12-4-18)。

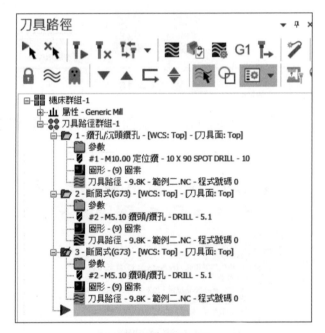

▲ 圖 12-4-18

2. 選取第 3 個操作的參數圖示，進入參數設定視窗。

3. 滑鼠移動到刀具顯示區，以[建立新刀具]的方式進入[定義刀具]視窗。刀具類型請選取[攻牙](如圖 12-4-19)。

▲ 圖 12-4-19

4. 在標準尺寸欄位輸入 6，系統會自動搜尋出 M6×1 的絲攻(如圖 12-4-20)，[螺距]會影響進給速率的輸出。

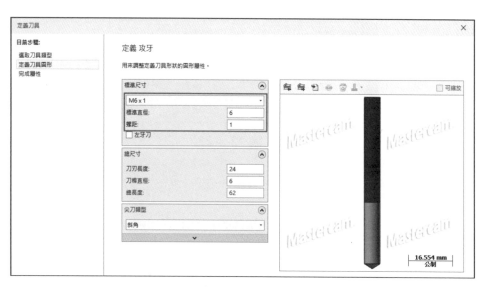

▲ 圖 12-4-20

5. 選取[確定]鈕，結束[定義刀具]視窗。

6. 畫面回到刀具參數設定(如圖 12-4-21)。刀具顯示區多了第 3 號 6mm 的右牙刀，但刀具的進給速率顯示 1000、主軸轉速：1000，這是因為剛剛在[定義刀具]時沒有設定的關係。

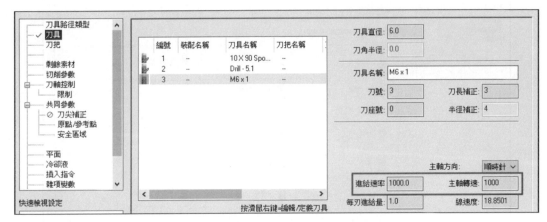

▲ 圖 12-4-21

請在[主軸轉速]欄位中輸入 400，再以游標在[進給速率]的欄位內點一下，進給速率欄位內即出現 400(如圖 12-4-22)，Mastercam 會以

[主軸轉速]×[螺紋間距]=[進給速率]的公式自動計算出進給速率。

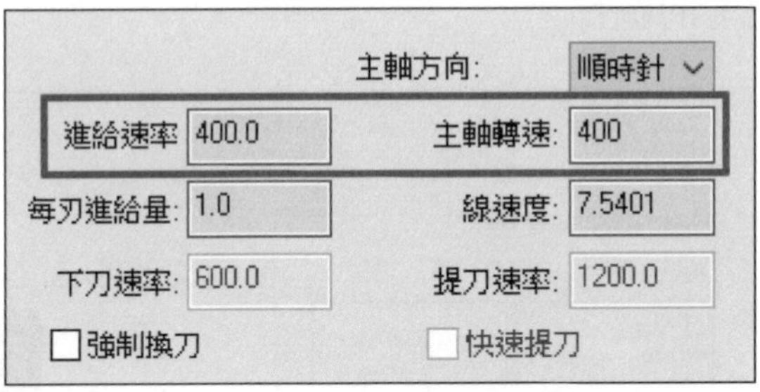

▲ 圖 12-4-22

7. 將鑽孔參數設定如圖 12-4-23，鑽孔循環選取[攻牙 G84]，參考高度建議設高一點，筆者的習慣是螺紋間距的 5 倍，以使主軸在正反轉時有足夠的加速距離。

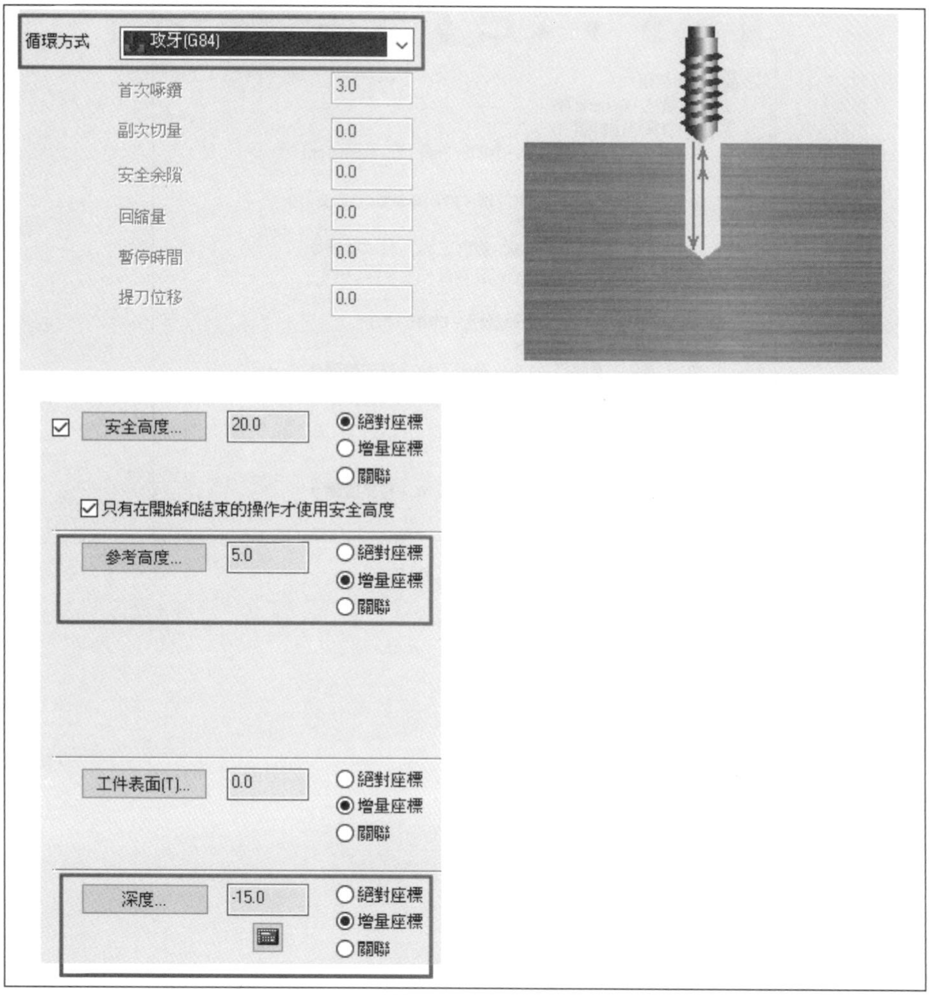

▲ 圖 12-4-23

8. 設定完後選擇[確定]鈕，回到[刀具路徑管理員]對話窗(如圖 12-4-24)。

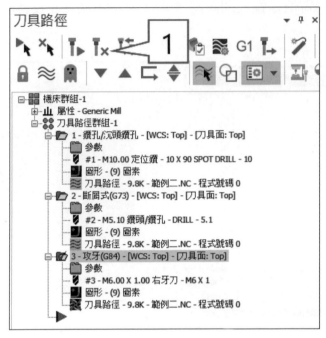

圖 12-4-24

9. 選取[重新計算]，即產生 M6 攻牙路徑。

步驟 5 模擬實體驗證刀具路徑

1. 選擇[屬性]→[素材設定](如圖 12-4-25)。

2. 選擇[實體 / 網格]。

3. 選擇[ ]。

4. 選擇[實體圖素]。

5. 選擇[確認]。

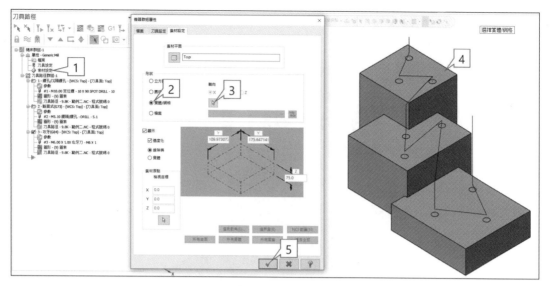

▲ 圖 12-4-25

6. 選取[驗證已選取的操作](如圖 12-4-26)。

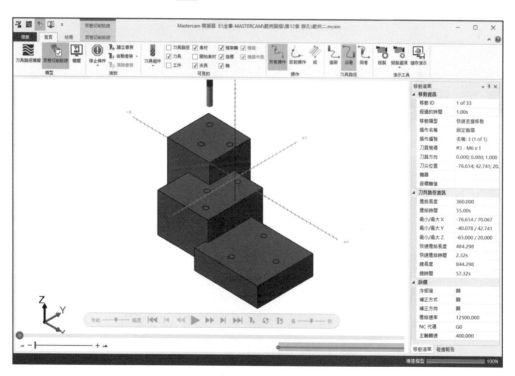

▲ 圖 12-4-26

7. 執行模擬(如圖 12-4-27)。

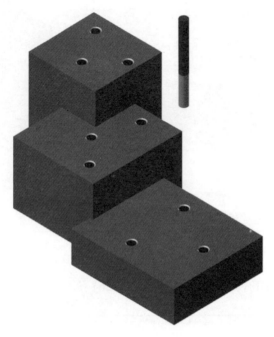

▲ 圖 12-4-27

12-5　範例三

　　範例三將示範如何在一個鑽孔操作中調整部分鑽孔的安全高度和鑽孔深度。以圖 12-5-1 為例，鑽孔時橫越過壓板的鑽孔路徑，會將其安全高度調整高於壓板；另外產生不同的鑽孔深度也將是本範例的說明重點。

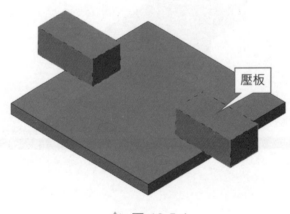

壓板

▲ 圖 12-5-1

步驟 1 掃描 QRcode\範例圖檔\第 12 章\範例三.mcam

1. 選取[檔案]→[開啟]。

2. 請掃描 QRcode\範例圖檔\第 12 章資料夾中讀取[範例三.mcam]圖檔。

3. 讀取的圖檔顯示如圖 12-5-2。

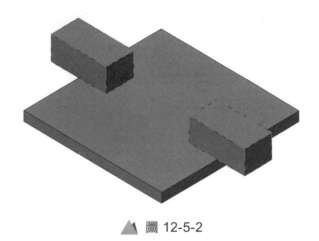

▲ 圖 12-5-2

步驟 2 檢查刀具路徑

1. 選取[刀具路徑管理員]，參數設定對話窗顯示如(圖 12-5-3)，裡面有一個直徑 12mm 鑽頭的鑽孔路徑，刀具路徑顯示如(圖 12-5-4)另實體驗證路徑顯示如(圖 12-5-5)。

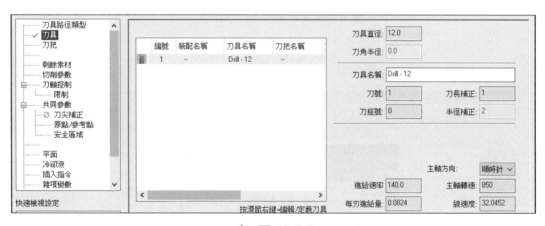

▲ 圖 12-5-3

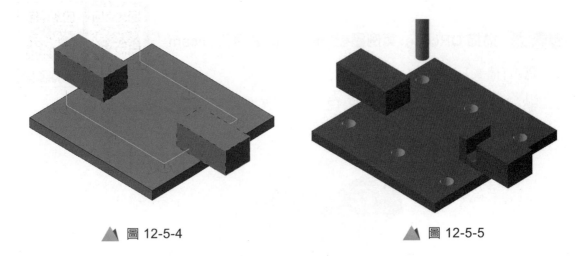

▲ 圖 12-5-4   ▲ 圖 12-5-5

步驟 3   改變提刀高度

1. 選取鑽孔操作的[圖形]圖示(如圖 12-5-6)。

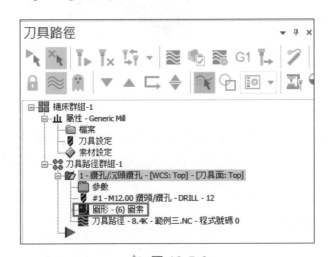

▲ 圖 12-5-6

2. 刀具路徑孔定義對話視窗中[更改點上的參數]功能表(如圖 12-5-7)。

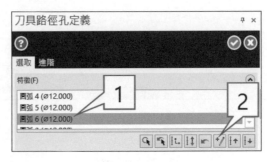

▲ 圖 12-5-7

3.　選取[更改點上的參數]選取要改變提刀高度的鑽點，請選取如圖 12-5-8 所示的[圓弧 6]鑽點。

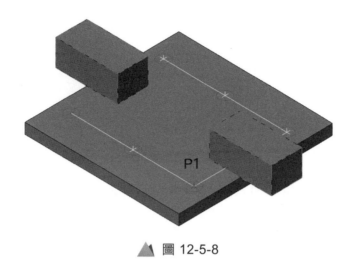

▲ 圖 12-5-8

4.　提示區要求輸入跳躍高度：請輸入 30 (如圖 12-5-9)，按下[Enter]鍵。

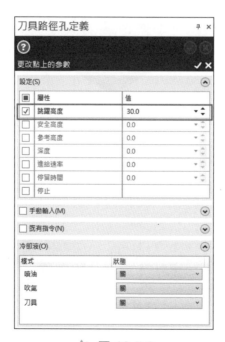

▲ 圖 12-5-9

5.　提示區仍要求選擇要更改的參數，請選取確認。

6.　選取[確認]。

7. 螢幕上出現刀具路徑理員功能表(如圖 12-5-10)。

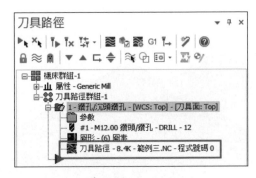

▲ 圖 12-5-10

8. 選取[重新計算 ▶]鈕,刀具路徑變更如圖 12-5-11。

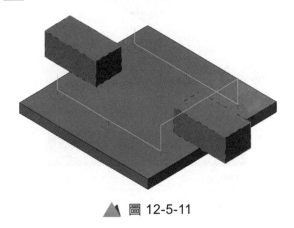

▲ 圖 12-5-11

步驟 4 **改變部分鑽孔深度**

1. 再於刀具路徑管理員對話窗中選取鑽孔操作的[圖形]圖示,進入[更改點上的參數]功能表(如圖 12-5-12)。

 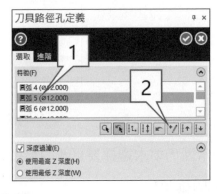

▲ 圖 12-5-12

2. 選取[更改點上的參數]，提示區要求選擇要更改的參數，請選取如圖 12-5-13 所示 P1、P2 的鑽點。

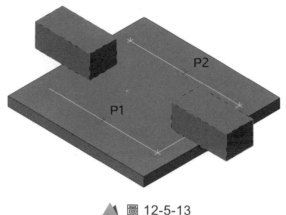

▲ 圖 12-5-13

3. 輸入新的鑽孔深度，請輸入-20 (如圖 12-5-14)，按下[Enter]鍵。

▲ 圖 12-5-14

4. 選取[確認]鈕，完成深度的編輯。選取[確認]選項，結束[更改點上的參數]功能表。螢幕回到刀具路徑管理員對話窗。

5. 選取[重新計算 ▶]鈕,將鑽孔刀具路徑重新計算。新的鑽孔路徑顯示如圖 12-5-15。

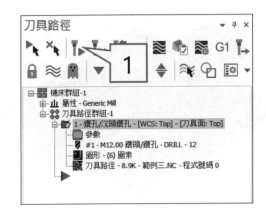

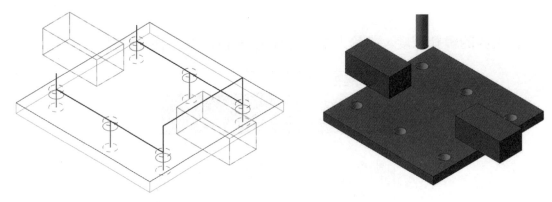

▲ 圖 12-5-15

13

全圓路徑

學習目標

1. 全圓銑削的設定和使用場合

2. 了解螺旋銑削的參數

3. 了解銑鍵槽外形限制和設定

13-1 全圓路徑簡介

在主功能表上選擇[刀具路徑]→[全圓路徑]→即可進入[全圓路徑]功能表(如下圖)。

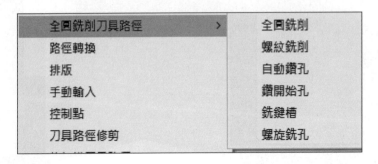

功能表裡頭有[全圓銑削]、[螺旋銑削]、[自動鑽孔]、[鑽開始孔]、[銑鍵槽]和[螺旋銑孔]等功能,這些功能將在本章一一介紹。

全圓路徑以全圓為加工對象以產生刀具路徑。而這全圓外形可以選取全圓的圓心點(系統會直接抓取記錄全圓的直徑)或是選取任意點或圖素的端點、中點等圖素的特徵點作為全圓的圓心位置,再以輸入全圓直徑的方式作為全圓路徑的加工外形。

13-2 全圓銑削

全圓銑削功能主要產生如沉頭孔或圓孔底面是平面的圓孔銑削路徑,使用者當然可以用外形銑削和挖槽來對圓孔作銑削加工,但是全圓銑削這功能它更方便而且產生的刀具路徑更符合現場實務上圓孔加工的需求。

在[全圓路徑]功能表選取[全圓銑削]後,主功能表出現[刀具路徑孔定義]功能表。

[刀具路徑孔定義]功能表已在第 12 章介紹,這裡不再贅述。以[刀具路徑孔定義]功能表為全圓銑削選取加工的圓心位置後,選取[執行]選項進入加工參數的設定視窗。

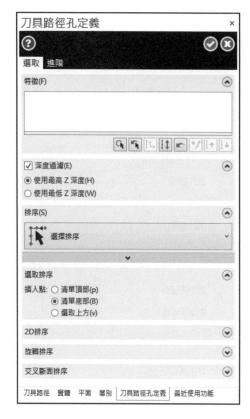

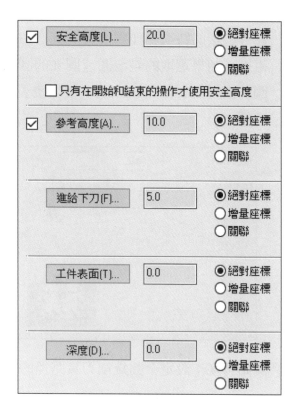

全圓銑削參數的說明：

安全高度／參考高度／進給下刀／工件表面／深度／補正方式／校刀位置

請參閱第十章"外形切削"的"外形切削參數"有詳細的說明。

1. **補正方向**：選取"左補正"時會以反時鐘方向加工內圓(順銑)；選取"右補正"時以順時鐘方向加工內圓(逆銑)。

2. **圓孔直徑**：如果在"刀具路徑孔定義"功能表以選取任意點或圖素的端點、中點等圖素的特徵點作為全圓的圓心位置時，這欄位開啟供使用者輸入全圓的直徑。如果選取的是全圓或圓弧的圓心點，這欄位會關閉，系統直接抓取全圓的直徑(MasterCAM 2020 增加覆蓋圖形直徑可以強制更改所選取的全圓的直徑)。

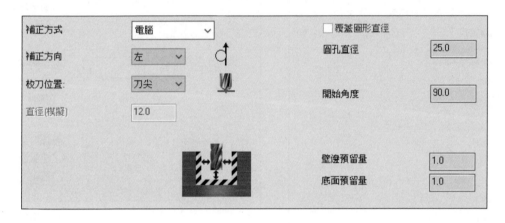

3. **開始角度**：設定全圓銑削刀具路徑的切削起點的角度。

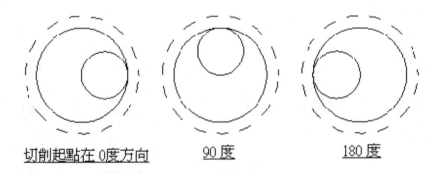

切削起點在 0度方向　　　90 度　　　180 度

4. **壁邊預留量**：設定 XY 方向的預留量。

5. **底部預留量**：設定深度 Z 軸方向的預留量。

6. **粗加工**：全圓銑削的**"粗加工"**為全圓加工提供一高速挖槽機能，它以類似挖槽的螺旋切削的路徑來對全圓作粗銑加工，這螺旋切削路徑，是由相切的圓弧組成，也因此提供了一平順、清除材料效率良好的 NC 程式。

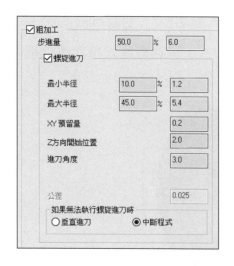
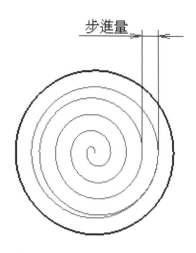

(1) **步進量**：設定粗銑切削路徑之間的距離。左邊為以刀具直徑百分比的輸入欄位，右邊欄位則為間距的數值。

(2) **螺旋進刀**：如果**"螺旋進刀"**有打勾，Mastercam 會以螺旋式下刀到每層的銑削深度後才執行粗銑切削路徑。請參閱第 11 章挖槽的"下刀方式"。

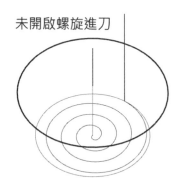

註：

- 螺旋進刀與全圓粗銑切削路徑這二者的加工方向由刀具的補正位置決定。

- 如果使用了[粗加工]選項，就不需要使用[精修]之"局部精修"設定。

- 為了讓刀具在高速加工狀態下維持平順的切削路徑,建議將進刀方式的進退刀圓弧的掃瞄角度設為 180 度,使粗加工和精修切削路徑之間保持相切。

7. **精修**:請參閱第 10 章外形銑削的"XY 分層切削",有詳細的說明。

8. **進刀方式-高速進刀**:兩切削間的移動方式,可調整進刀角度並以相切做為進刀的方式。

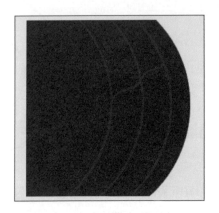

9. **進刀方式**:使用者可以為全圓銑削設定進 / 退刀弧的角度。如果進 / 退刀弧角度小於 180 度,系統會增加一進 / 退刀線。

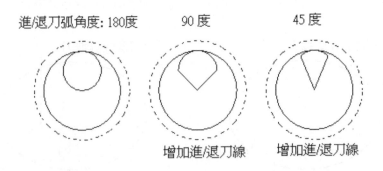

10. **由圓心開始**:這選項有被選取時,刀具會從圓心點位置下刀,再移動刀具到引進圓弧的起點。如果沒有被選取,刀具會直接在引進圓弧的起點下刀。

11. **垂直進刀**:在進刀圓弧之前和退刀圓弧之後,增加一與進 / 退刀圓弧相垂直的直線。

12. **重疊量**:設定刀具在退刀之前要通過切削起點多少距離。

13. **Z 分層切削**:請參閱第 10 章外形銑削的"Z 分層切削"。

13-3　螺紋銑削

　　[螺紋銑削]功能主要用於在銑床以單牙或多牙刀螺旋切削方式加工孔內螺紋或外螺紋。刀具路徑由進／退刀弧和螺旋狀路徑所組成。在內螺紋加工前，必須在在工件上有圓孔才能以牙刀作螺紋加工。在外螺紋則必須先產生圓柱，才能作外螺紋加工。

　　從功能表上選取[刀具路徑]→[2D]→[螺紋銑削]，出現[刀具路徑孔定義]對話視窗，以[刀具路徑孔定義]對話視窗為螺旋銑削選取加工的圓心位置後，選取[執行]選項進入加工參數的設定視窗。

螺紋銑削參數的說明

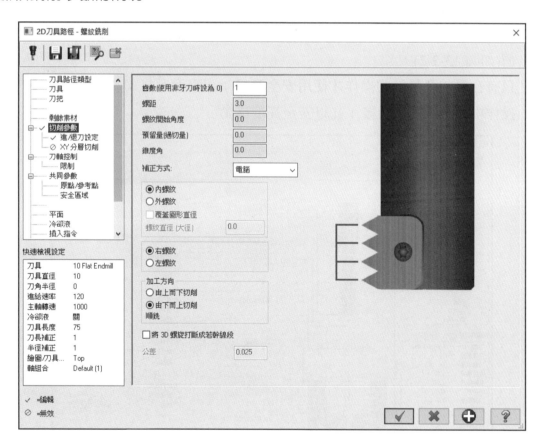

　　齒數(使用非牙刀設爲 0)：設定用於切削螺紋的起始加工齒數。即使是以多齒數牙刀也可以設定爲 1。一較大的齒數降低加工螺紋所需要的迴轉數。設定齒數為 1 時，表示以單齒牙刀銑削螺紋，牙刀會從螺旋頂部位置開始銑削螺紋；設為 2 時，表示以二個牙刃銑削螺紋，牙刀從螺旋頂部位置下降一個牙間距才開始銑削螺旋，以此類推(如圖 13-3-1)。

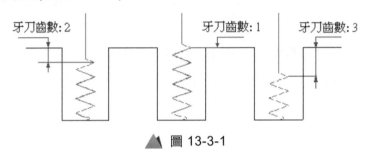

圖 13-3-1

1. **安全高度**：設定切削每個螺紋之前或之後刀具快速位移的高度。這是一絕對值(如圖 13-3-2)。

   只有在最前及最後的操作才使用安全高度：這參數有打勾時，刀具只有在這操作中的第 1 孔和最後 1 孔以安全高度移動。

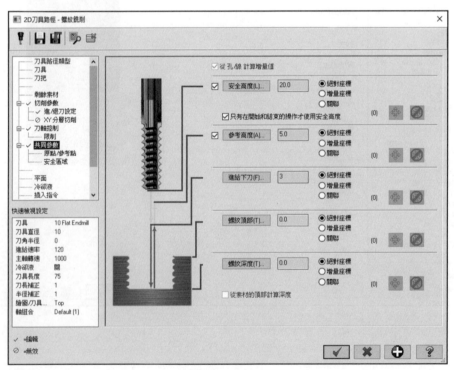

圖 13-3-2

2. **參考高度**：在本版次軟體中，該選項於安全高度未開啟時才會生效。

3. **進給下刀**：設定刀具開始以[下刀速率]下刀的高度。

4. **螺紋頂部**：設定螺紋的起始高度。

5. **螺紋深度**：設定螺紋的加工深度位置。

6. **絕對座標**：選取這參數時，設定[進給下刀]、[螺紋頂部]和[螺紋深度]以絕對座標表示。

7. **增量座標**：選取這參數時，設定[進給下刀]、[螺紋頂部]和[螺紋深度]都以相對於被選取的圖素來計算。

8. **螺距**：設定螺紋間距(如圖 13-3-3)。

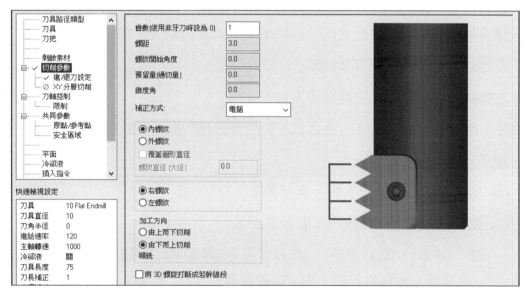

▲ 圖 13-3-3

9. **螺紋開始角度**：設定引進弧之後要開始螺紋切削的角度位置。

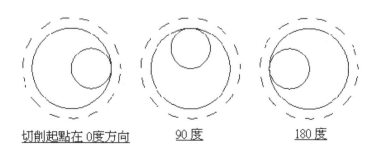

切削起點在 0度方向　　　90 度　　　180 度

10. **預留量(過切量)**：在內螺紋加工時這值會增大螺紋直徑；外螺紋時，這值會減小螺紋直徑，此欄位數值為直徑值。

11. **錐度角**：指定螺紋的錐度角，用於產生管用螺紋。

12. **補正方式**：有[電腦]、[控制器]、[磨耗]、[反向磨耗]和[關]計五種方式。請參閱第 10 章外形銑削有詳細說明。

13. **內螺紋**：產生內螺紋加工路徑。

14. **外螺紋**：產生外螺紋加工路徑。

15. **覆蓋圖形直徑**：選取的圖素為圓時，系統會自行以圓的直徑當作加工直徑，如需更改可啟用此功能覆蓋螺紋直徑。

16. **螺紋直徑(大徑／小徑)**：選取的圖素為存在點時，如果要加工的是內螺紋，請在這欄位輸入螺紋的大徑。若是加工外螺紋請輸入小徑。

17. **右螺紋**：產生右螺紋刀具路徑

18. **左螺紋**：產生左螺紋刀具路徑。

    註：選取左／右螺紋時，會更新在對話窗底部的順／逆銑設定。

19. **加工方向**：

    (1) **由上而下切削**：螺紋由上而下加工。

    (2) **由下而上切削**：螺紋由下而上加工。

    　　註：[齒數]、[螺紋頂部]、[螺紋深度]和[螺距]都會間接決定螺旋圈數。如果螺旋的圈數低於 1 圈，系統會調整"螺旋頂部位置"以產生至少一圈的螺旋。

20. **將 3D 螺旋打成若干線段**：如果機台的控制器不能執行螺旋的指令時，就必須以連續的直線(G01)取代螺旋。

21. **公差**：將螺旋曲線轉換為直線的誤差。較小的誤差值產生較精準的刀具路徑，但系統上會花較長時間來計算路徑和產生較大的 NC 程式檔。這欄位只有在選取"將 3D 螺打成若干線段"時這欄位才可使用。

22. **進／退刀設定**：其實這參數是設定刀具在進刀弧的起點位置時(如圖 13-3-4)，刀具和螺旋之間的距離(如圖 13-3-5)。所以這參數間接地設定進／退刀弧之半徑。如果這值大於內螺紋的最大值，進／退刀弧的起始點和結束點都會在螺旋的中心(圖 13-3-6)。

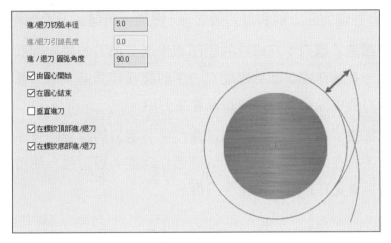

▲ 圖 13-3-4

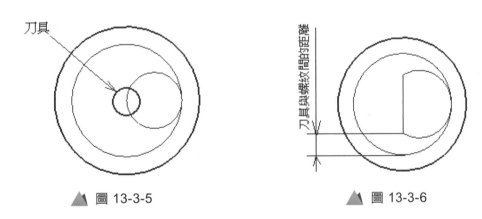

▲ 圖 13-3-5　　　　　　　　▲ 圖 13-3-6

23. **進／退刀引線長度**：這參數僅適用於外螺紋加工，以在進刀弧之前和退刀弧之後產生一指定長度的直線。如果使用"控制器或磨耗補正"時，刀具的補正 G 碼(G41 或 G42)會出現在進刀引線的單節上，取消補正碼(G40)則出現在退刀引線上。

在內螺紋方面，系統會自動在螺旋中心點和進／退刀圓弧之間產生一條進刀引線和退刀引線，而這進／退刀引線的長度則由[進／退刀切弧之間隙]間接決定。

24. **由圓心開始**：由被選取圓弧的圓心作爲螺紋銑削的下刀點。僅適用於內螺紋加工。

25. **在圓心結束**：由被選取圓弧的圓心作爲螺紋銑削的提刀點。僅適用於內螺紋加工。

26. **垂直進刀**：在進刀弧之前和退刀弧之後，增加一與進／退刀弧相垂直的直線。

27. **在螺紋頂部進／退刀**：在螺紋的頂部產生進／退刀的螺旋圓弧。如果這選項沒被選取，系統在螺紋起始點處以一平的圓弧作爲進／退刀弧。使用螺紋式的進／退刀弧可以避免在螺紋頂部產生刀痕。

28. **在螺紋底部進／退刀**：在螺紋底部產生進／退刀的螺旋圓弧。如果這選項沒被選取，系統在螺紋底部以一平的圓弧作爲進／退刀弧。使用螺紋式的進／退刀弧可以避免在螺紋底部產生刀痕。

13-4 鑽開始孔

[鑽開始孔]功能可以在所有型式的銑削刀具路徑(如 2D 的挖槽、外形銑削或 3D 的曲面挖槽等等)的下刀點位置自動產生鑽孔刀具路徑。但是它對曲面挖槽粗加工的[下刀位置對齊開始孔]參數有打勾的情形下(如圖 13-4-1)，顯得特別有用。因爲這參數會將曲面挖槽各分層銑削的下刀點儘量排在同一個地方，以供鑽起始孔功能只要產生一個或少數幾個鑽孔就可以供多層銑削下刀。

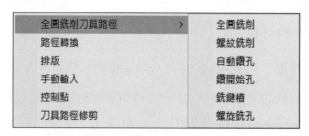

圖 13-4-1

在功能表上選取[刀具路徑]→[2D]→[開始孔]，進入[鑽開始孔]對話視窗(如圖 13-4-2)。

▲ 圖 13-4-2

對話窗內的參數說明如下：

1. **開始鑽孔操作選擇區**：供選取要產生鑽起始孔的操作(可複選)。

2. **附加直徑數量**：增加鑽開始孔的鑽頭直徑，以加大銑刀的下刀空間。例如：如果這欄位輸入 0，挖槽用的銑刀直徑是 12mm，鑽起始孔功能會產生以直徑 12mm 鑽頭來鑽起始孔的操作；如果這欄位輸入 3，則以直徑 15mm 鑽頭來鑽起始孔。

3. **附加深度數量**：增加鑽始孔的鑽孔深度，以提供銑刀較大的下刀空間。這欄位輸入正值時鑽孔深度會較淺；輸入負值時則鑽孔深度較深。

4. **基本或進階**：這裡面有二個選項：[基本]和[進階]。

   (1) **[基本]**：選取這選項時，系統只產生鑽起始孔的操作，而不會產生鑽中心孔或導引孔操作。

   (2) **[進階]**：選取這選項時，當選取[確定]鈕，會進入[自動圓弧鑽孔]設定視窗，以供使用者設定刀具型式、深度、群組名稱、刀具庫、鑽中心孔和導引孔等。

5. **刀庫**：顯示目前的刀具庫名稱，選取刀具庫鈕可選取不同的刀具庫。系統到這裡所設定的刀具庫中尋找刀具。

6. **符合刀具直徑公差**：設定系統從刀具庫選取刀具時的公差。

7. **說明**：輸入鑽開始孔的註解說明，這內容可以輸出到 NC 程式。

系統會將產生的鑽開始孔操作，置於用於計算起始孔的操作之前(如圖 13-4-3)。

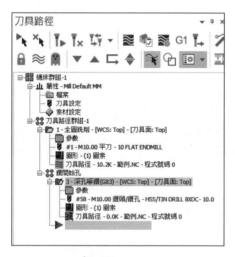

圖 13-4-3

重要：如果改變了原來用來計算開始孔操作，鑽開始孔產生的鑽孔操作不會自動更新，必須再以產生鑽開始孔方式，產生新的鑽開始孔，系統會詢問是否要將舊的鑽開始孔操作刪除。

13-5　銑鍵槽

　　[銑鍵槽]功能被設計用來加工鍵槽,所以選取的加工外形必須是以二條平行線和二個圓弧組成(如圖 13-5-1)。否則系統顯示警告訊息如圖 13-5-2。

▲ 圖 13-5-1

▲ 圖 13-5-2

　　選取鍵槽外形時不需要考慮串連方向和起始位置,系統自動在鍵槽外形內產生順銑的刀具路徑。選取鍵槽外形後,系統顯示[銑鍵槽之參數設定]對話窗(如圖 13-5-3)。

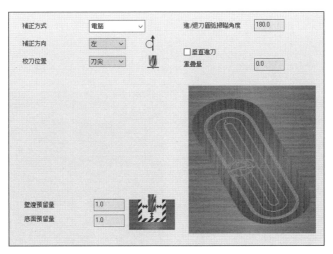

▲ 圖 13-5-3

鍵槽加工參數

除了以下說明的參數以外，其餘參數請參閱第 10 章外形銑削。

1. **[補償方向]**：設定為[左]時，以順銑方向銑削鍵槽；設為[右]時，則為逆銑。

2. **[進 / 退刀圓弧掃瞄角度]**：設定修邊路徑進 / 退刀弧的**掃瞄**角度。

180 度   90 度   45 度

▲ 圖 13-5-4

3. **[垂直進刀]**：在進刀圓弧之前和退刀圓弧之後，增加一與進 / 退刀圓弧相垂直的直線(如圖 13-5-5)。補正型式設定為[控制器]、[磨耗]或[反向磨耗]時，這選項要開啓，以供刀具在直線上作補正。

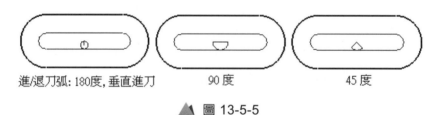

進/退刀弧: 180度,垂直進刀   90 度   45 度

▲ 圖 13-5-5

4. **[重疊量]**：設定刀具在退刀之前要通過切削起點多少距離。

粗 / 精修參數

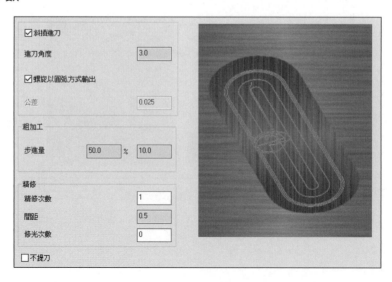

　　[粗／精修參數]對話窗分爲三個區域：[斜插進刀]、[粗加工]和[精修]。說明如下：

1.　**[斜插進刀]**：這參數有打勾時，會產生螺旋式下刀路徑以取代直線下刀路徑(如圖 13-5-6)。

斜向進刀路徑

▲ 圖 13-5-6

(1)　**進刀角度**：設定斜向進刀的漸降角度。

(2)　**螺旋以圓弧方式輸出**：以 G02/G03 輸出螺旋指令。

(3)　**公差**：設定螺旋路徑以直線輸出時的公差。

2.　**[粗加工]**：設定銑鍵槽粗銑的有關參數。

●　**步進量**：設定粗銑每一刀之間的距離。

3.　**[精修]**：設定銑鍵槽精修的有關參數

(1)　**精修次數**：設定 XY 方向的精修次數。

(2)　**間距**：設定每一次精修之間的距離。

(2)　**修光次數**：設定最後精修路徑重複加工的次數。

　　　　註：用於銑鍵槽的刀具直徑，建議是鍵槽圓弧直徑的 65%到 75%之間。

13-6　螺旋銑孔

　　[螺旋銑孔]刀具路徑被設計用一種稱為 Felix (菲力克斯)的高速搪銑刀來加工圓形的盲孔，由於這種高速搪銑刀和加工方式，不需事先鑽孔，而且粗、精搪一次完成。對生產效率的提升有莫大的幫助。筆者以圖 13-6-1 的連續圖來說明這種刀具路徑。

鋼料: P20

① 刀具到搪孔中心

② 移到螺旋下刀位置

③ 以反時針方向(順銑)螺旋漸降作粗搪加工 (S4800, F4800)

④ 在孔底繞一圈, 以得到平坦的底部.

⑤ 刀具回到圓孔中心, 主軸轉速提高為2倍

⑥ 刀具移到精修位置, 進入精修位置之前進給率降為 1000　過切

⑦ 刀具以精修路徑在孔底繞一圈.

⑧ 以粗搪的進給率, 刀具由下往上, 以螺旋式漸升精搪. (S9600 F4800)

⑨ 螺旋鑽孔完成

▲ 圖 13-6-1

在[全圓路徑]功能表選取[螺旋銑孔]後，出現[刀具路徑孔定義]對話視窗。

以[刀具路徑孔定義]功能表為螺旋銑孔選取加工的全圓或圓心位置後，選取[執行]選項進入螺旋銑孔之加工參數的設定視窗。

螺旋銑孔參數

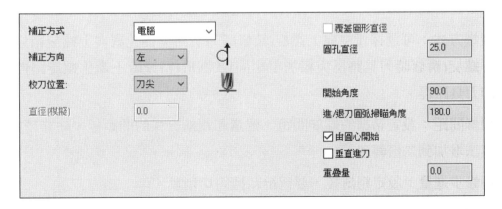

由於[螺旋銑孔參數]的內容和[全圓銑削參數]相同，請參閱本章的 13-2 節說明。

粗 / 精修參數

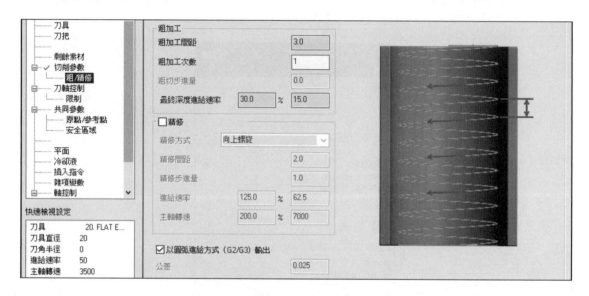

1. **粗加工間距**：設定粗搪的螺旋間距。約 0.5 到 2mm 之間，視主軸馬力數和刀具直徑而定。

2. **粗加工次數**：設定粗搪次數。如果孔徑過大或刀具太小，可以作多次粗搪。

3. **粗切步進量**：設定多次粗搪時，這欄位設定粗搪之間的 XY 方向切削量。

4. **最終深度進給速率**：由於粗搪後刀具要在孔底以精修直徑繞一圈，屬過切加工，必須降低進給速率(如圖 13-6-1 的第 6 和第 7 張圖所示)。左側的欄位是設定進給速率的百分比；右側欄位則是減速後的進給速率值。

5. **精修方式**：可選擇產生向上螺旋(精修時刀具路徑從孔底向上螺旋精修)、向下螺旋(精修時刀具路徑與粗加工相同)及圓形(精修時不產生螺旋路徑)精搪的刀具路徑。

6. **精修間距**：設定精搪的螺旋間距。建議和粗搪一樣的間距值，除非精搪主軸無法增加到二倍轉速。

7. **精修步進量**：設定粗搪後，要留給精搪的切削量。

8. **進給速率**：設定精搪的進給速率。

9. **主軸轉速**：設定精搪時的主軸轉速，建議是粗搪二倍轉速。

13-7　範例

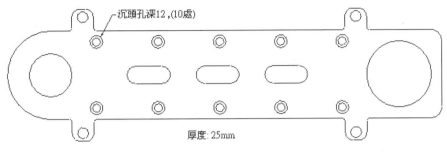

沉頭孔深12,(10處)

厚度: 25mm

▲ 圖 13-7-1

操作步驟

教學影片　範例圖檔

步驟 1　掃描 QRcode\範例圖檔\第 13 章\範例.mcam

步驟 2　所有孔作中心鑽引孔

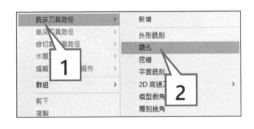

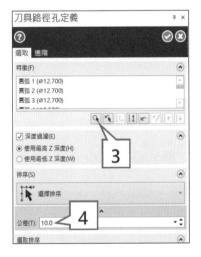

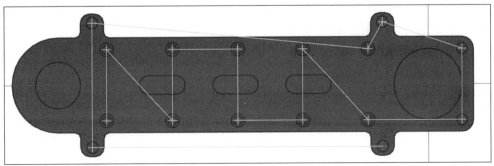

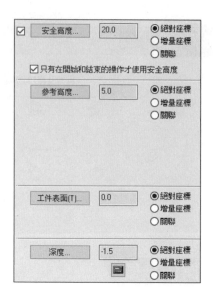

步驟 3 鑽孔直徑 9.5mm

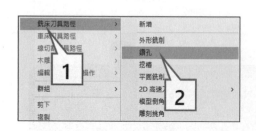

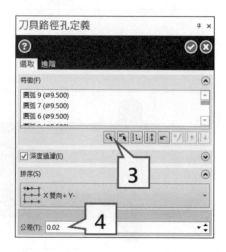

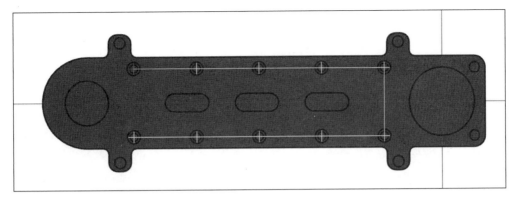

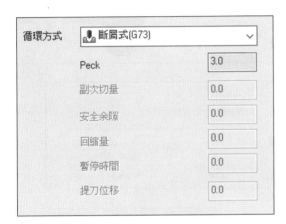

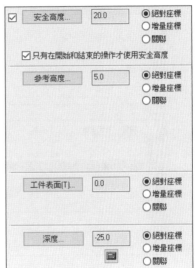

循環方式	斷屑式(G73)
Peck	3.0
副次切量	0.0
安全余隙	0.0
回縮量	0.0
暫停時間	0.0
提刀位移	0.0

安全高度... 　20.0 　◉絕對座標　○增量座標　○關聯
☑只有在開始和結束的操作才使用安全高度
參考高度... 　5.0 　◉絕對座標　○增量座標　○關聯
工件表面[T]... 　0.0 　◉絕對座標　○增量座標　○關聯
深度... 　-25.0 　◉絕對座標　○增量座標　○關聯

步驟 4 **鑽孔直徑** 12mm **及** 12.7mm

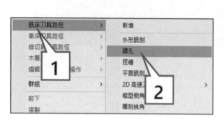

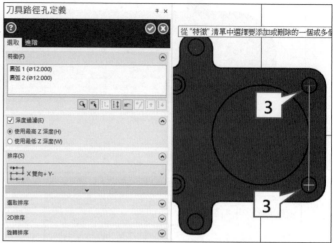

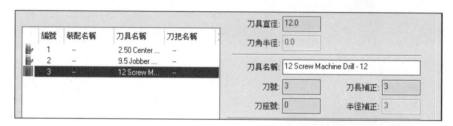

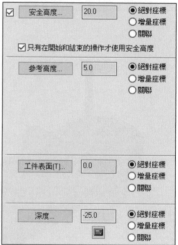

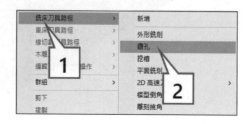

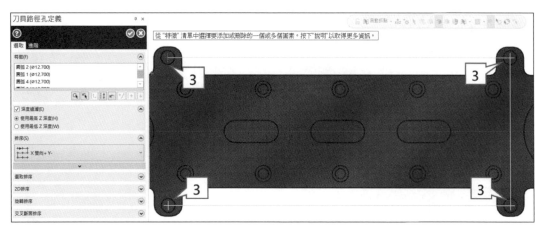

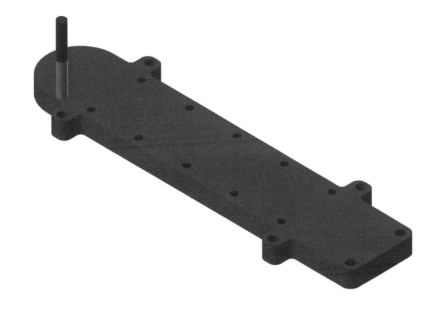

步驟 5 銑削沉頭孔 15×12 深

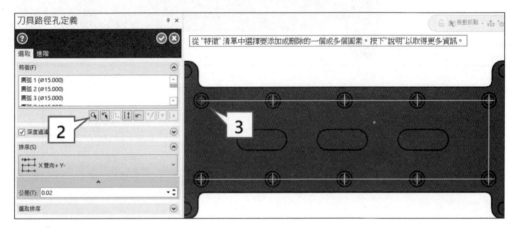

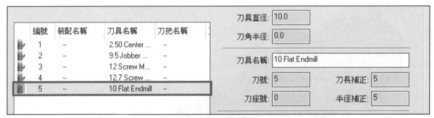

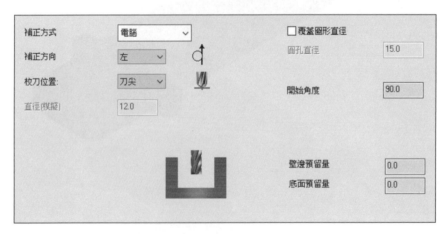

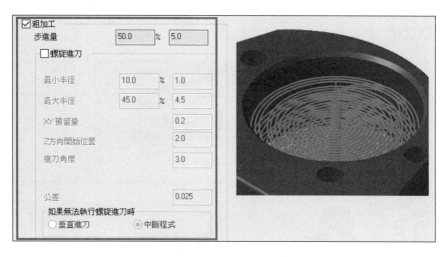

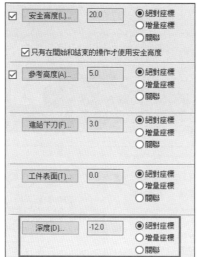

步驟 6　銑鍵槽

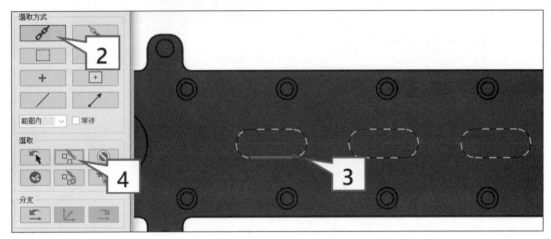

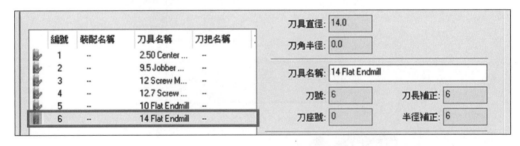

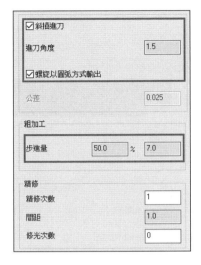

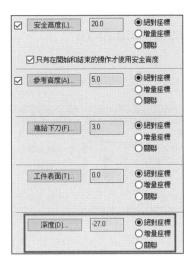

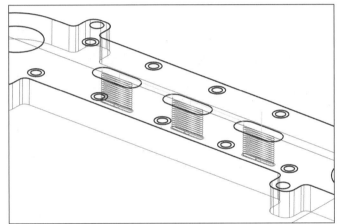

步驟 7 銑削直徑 50 及 76

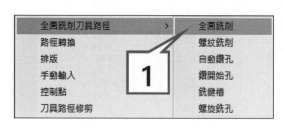

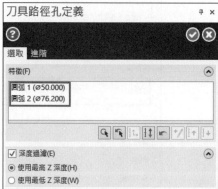

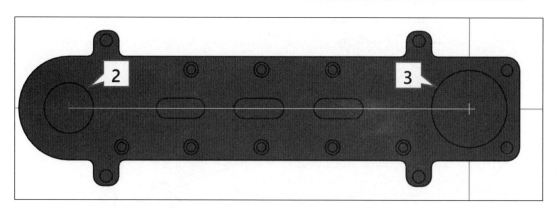

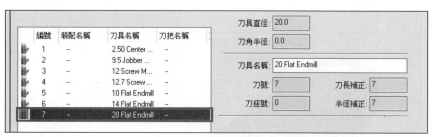

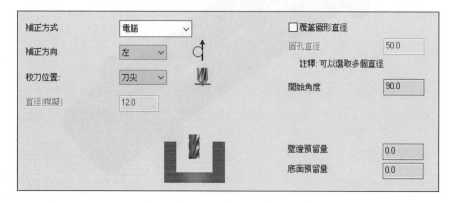

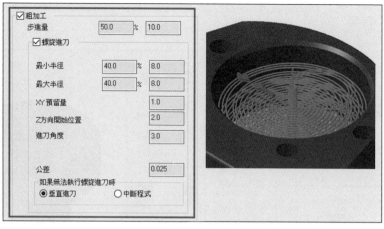

☑粗加工
步進量　　　　　50.0　%　10.0

　☑螺旋進刀

　　最小半徑　　40.0　%　8.0

　　最大半徑　　40.0　%　8.0

　　XY 預留量　　　　　1.0

　　Z方向開始位置　　　2.0

　　進刀角度　　　　　　3.0

　　公差　　　　　　　　0.025
　　如果無法執行螺旋進刀時
　　◉ 垂直進刀　　　○ 中斷程式

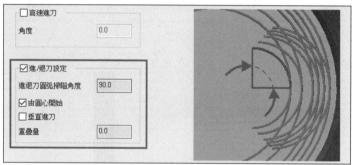

☐高速進刀
角度　　　　　0.0

☑進/退刀設定
進退刀圓弧掃瞄角度　90.0
☑由圓心開始
☐垂直進刀
重疊量　　　　　0.0

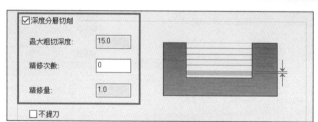

☑深度分層切削

　最大粗切深度:　15.0

　精修次數:　　　0

　精修量:　　　　1.0

☐不提刀

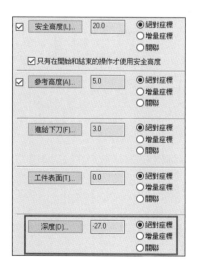

☑ 安全高度(L)...　20.0　◉絕對座標
　　　　　　　　　　　○增量座標
　　　　　　　　　　　○關聯
　☑只有在開始和結束的操作才使用安全高度

☑ 參考高度(A)...　5.0　◉絕對座標
　　　　　　　　　　　○增量座標
　　　　　　　　　　　○關聯

　進給下刀(F)...　3.0　◉絕對座標
　　　　　　　　　　　○增量座標
　　　　　　　　　　　○關聯

　工件表面(T)...　0.0　◉絕對座標
　　　　　　　　　　　○增量座標
　　　　　　　　　　　○關聯

　深度(D)...　　-27.0　◉絕對座標
　　　　　　　　　　　○增量座標
　　　　　　　　　　　○關聯

步驟 8 2D 倒角

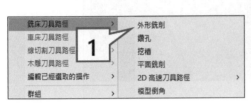

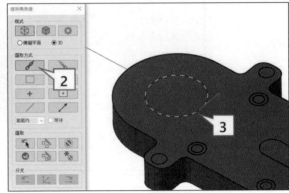

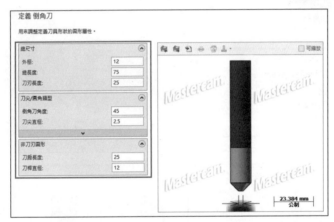

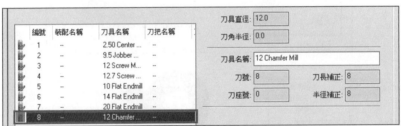

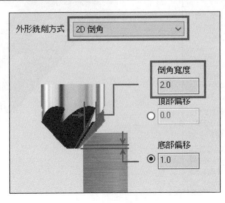

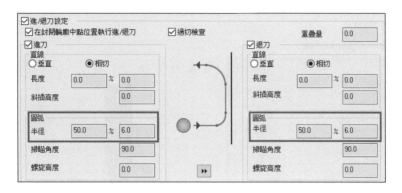

步驟 9 　螺紋銑削 M52×2

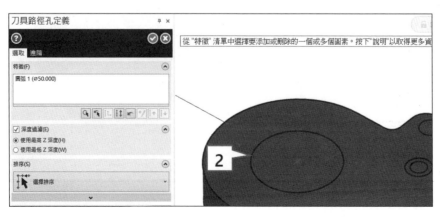

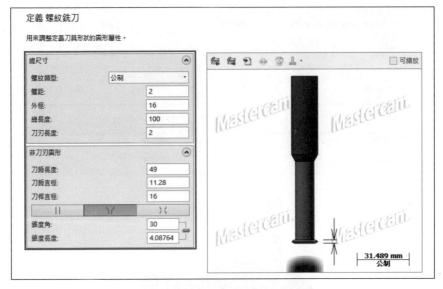

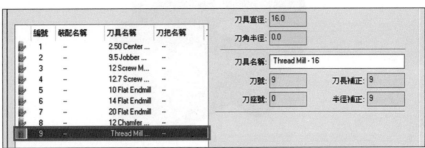

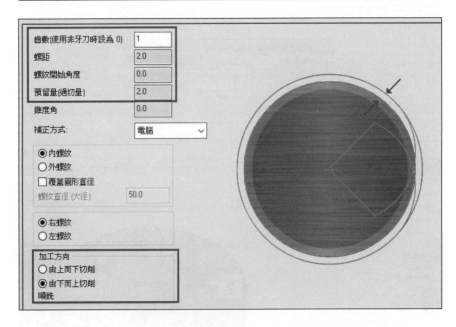

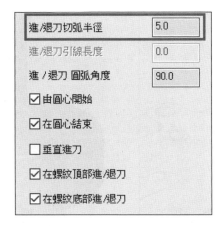

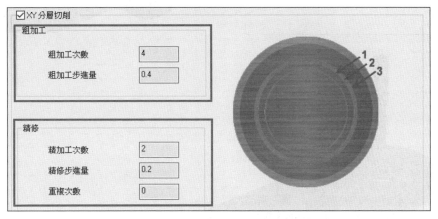

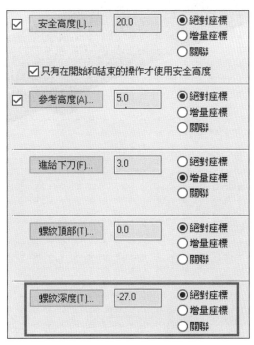

14

路徑轉換

14-1 路徑轉換簡介

　　[路徑轉換]可以將刀具路徑平移、旋轉或鏡射。在使用轉換功能前必須先產生一個或多個刀具路徑操作再經由[路徑轉換]功能將刀具路徑平移、旋轉或鏡射。路徑轉換常用於一個工件中有數個相同的圖素或是一次同時在機台上加工多個相同形狀的工件，可以節省構圖和安排刀具路徑的時間。路徑轉換是有關聯性的，若將轉換功能用於任一操作而操作的參數、刀具或圖形改變了，則與該操作有關的轉換操作也會改變。

14-2 轉換操作之參數設定

　　在功能表選取[刀具路徑]→[工具]→[刀具路徑轉換]，進入路徑轉換參數對話視窗，(如圖 14-2-1)。

▲ 圖 14-2-1

1. **類型**

   (1) **平移**：這選項可複製刀具路徑到一新的位置並且可進入**[轉換]**標籤設定平移參數。

   (2) **旋轉**：可以構圖面原點或一指定點為旋轉中心來旋轉刀具路徑，並且可進入[旋轉]標籤來設定旋轉參數。

   (3) **鏡像**：以 X 軸、Y 軸或一指定圖素來鏡射操作，並且可進入**[鏡像]**標籤來設定**鏡像**參數。

2. **方式**

   (1) **刀具平面**：以旋轉或平移刀具路徑的軸向方式產生轉換的路徑。

   包括起點：這選項只有在[方式]選取[刀具平面]時才可使用。一操作路徑經轉換後，系統對座標的輸出方式提供二種選擇，這選項沒有選取時，系統直接以**轉換**後路徑的絕對座標輸出，使用同一個座標原點。這選項有選取時，系統會將各個**轉換**後的路徑各冠上 G54、G55、G56…等 G 碼，如此，每個平移後的路徑會有一樣的座標值，只是工作座標不同。唯獨鏡像轉換無法使用此參數。

   包括 WCS：有選取時，則系統會將 WCS 座標系統一起轉移。

   儲存平面：有選取時，系統會自動建立出新平面。

   (2) **座標**：輸出位移後的絕對座標。旋轉刀具路徑時，大都選用這[座標]方法。

3. **來源**

   (1) **NCI**：將已存在刀具路徑(原始操作內 NCI)作為轉換的依據。

   (2) **圖形**：搭配建立新操作及圖形使用，可以建立出新的操作及圖形。

4. **依照群組輸出 NCI**

   (1) **操作順序**：依照被轉換的路徑在原始操作列示區排列的順序依序輸出。假如選取了一挖槽和一外形銑削操作來執行路徑轉換，這選項會將轉換後的路徑，依(挖槽、外形銑削)，(挖槽、外形銑削)的方式產生轉換操作。

   (2) **操作類型**：假如選取了一挖槽和一外形銑削操作來執行路徑轉換，這選項會將轉換後的所有挖槽路徑先執行，再執行轉換後的所有外形銑削路徑。

5. **原始操作**：在原始操作列示區會列出目前刀具路徑管理員的所有的操作。請在這裡選取要轉換的操作，被選取的操作在黃色資料夾圖示上會標示一 V 符號。轉換操作只會針對這裡被打勾的操作作路徑轉換。

6. **建立新操作及圖形**：這參數會從原來的操作複製圖形及參數到轉換後的新位置，這方法會產生數個有一樣圖形和參數的獨立操作路徑以取代單一的路徑轉換操作。

   保留這個轉換操作：這參數只有在[建立新操作及圖形]有打勾時才會開啟。由於路徑轉換產生新的操作及圖形後，目前這個轉換操作可由使用者決定是否要保留。這參數有打勾時，這路徑轉換操作會被保留，但後處理會被關閉。如沒打勾，這轉換操作會被刪除。

7. **複製原始操作**：有打勾時，產生的轉換操作內包含原始被轉換的操作(刀具路徑)。

   關閉選取原始操作後處理：這參數只有在[複製原始操作]有打勾時才會開啟。由於路徑轉換操作已含原始的刀具路徑。所以這參數可供將原始操作的後處理關閉，避免產生重複的刀具路徑。

8. **使用副程式**：以副程式的方式輸出轉換後的刀具路徑。

9. **加工座標系編號**：

   (1) **[自動]**：由系統自動賦予 G54、G55…等座標給每一個產生的路徑。

   (2) **[維持原始操作]**：這選項有被選取時，"包括起點"沒有選取時，轉換後的刀具路徑會輸出與原始操作一樣的工作座標。例如，原始操作的工作補正號碼為−1 時，代表輸出 G54，那轉換後的刀具路徑也會以 G54 為工作座標；原始操作為 1 時(G55)，轉換後的刀具路徑則輸出 G55。系統會以原點當基準計算所有座標位置。但如果"包括起點"有選取時，則由系統自動編排轉換後的加工座標系統。

   (3) **[重新指定]**：為每一個轉換產生的刀具路徑產生新的工作座標，以[開始]欄位的設定值開始(0 代表 G54，1：G55…，以此類推)，以[增量]為增量，產生工作座標。

   註：如果[起始]欄位輸入 **6(含)**以上，則會以 **G54.1P1、G54.1P2、**…方式輸出工作座標。

14-3　平移參數

選取[平移]類型後，系統即可供使用者選取對話窗上方的[平移]標籤以進入
"平移參數"對話窗(如圖 14-3-1)。

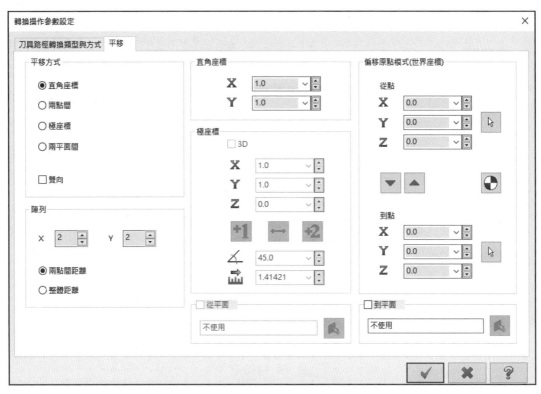

圖 14-3-1

1. **直角座標**：以直角座標系統定義平移刀具路徑的距離。選取**[直角座標]**時，系統會開啟下方的間距(直角座標)及數量(陣列)設定欄位，供使用者輸入(如圖 14-3-2)。

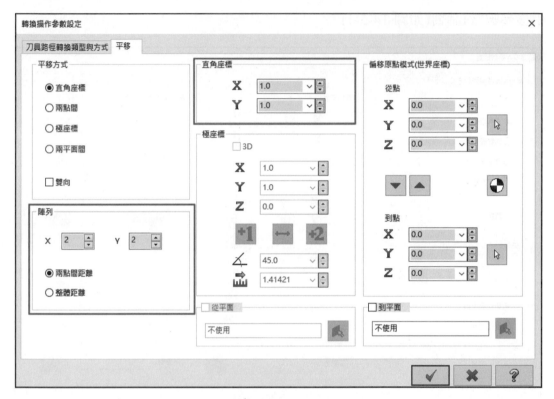

▲ 圖 14-3-2

2. **兩點間**：以輸入的起始座標移動被選取的操作到終點座標。選取這選項後，請在如圖 14-3-3 中左邊欄位輸入起始座標(也可以選取[從點]鈕在繪圖區選取座標點)，右邊欄位則輸入終點座標(可選取[到點]鈕在繪圖區選取座標點)。系統會以這二點座標來計算平移的向量。

3. **極座標**：區分 **2D 模式**以一角度和距離的方式平移刀具路徑，3D 模式可以增加 Z 軸座標數值，來達到不同深度的轉換。選取[極座標]後，系統開啟極座標設定欄位(如圖 14-3-4)：

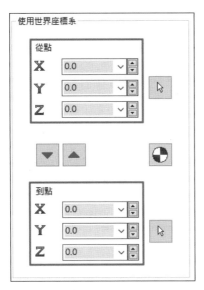

▲ 圖 14-3-3

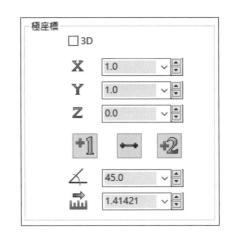

▲ 圖 14-3-4

4. **兩平面間**：在兩平面間移動被選取的刀具路徑。這功能適用於五面加工機。例如，原始操作的構圖面和刀具面設定於俯視圖時，在轉換路徑設定時，選取[從平面][到平面]，在[選取平面]對話視窗選取視角(側視圖、前視圖等等)，再於兩點間設定平移的[從點]和[到點]，系統即會將刀具路徑由俯視圖平移到其它視角(如圖 14-3-5)。

▲ 圖 14-3-5

14-4　旋轉參數

選取[旋轉]類型後，系統即可供使用者選取對話窗上方的[旋轉]標籤以進入"旋轉參數"對話窗(如圖 14-4-1)。

▲ 圖 14-4-1

1. **次數**：輸入刀具路徑繞著構圖面 Z 軸旋轉的次數，區分角度之間(每次旋轉的角度)和完全掃描(以旋轉次數均分角度)。

2. **原點**⊙ ◑：使用構圖面原點作為刀具路徑旋轉中心。選取這選項系統會關閉 X、Y、Z 三軸的座標輸入欄位。

3. **存在點** ⊙ ✛：以使用者設定的位置為刀具路徑旋轉中心。請為這旋轉中心輸入 XYZ 三軸的值或是點取"選取"鈕以"抓點方式"功能表在繪圖區選取一點。

4. **起始角度** ∠ ：設定刀具路徑起始的角度。

5. **旋轉角度** ∠ ：設定刀具路徑的旋轉角度。

6. **對平面旋轉**：供設定刀具路徑旋轉的構圖面。請選取[選取檢視 ▨]鈕選取旋轉的構圖面。

14-5 鏡像參數

選取[鏡像]類型後，系統即可供使用者選取對話窗上方的[鏡像]標籤以進入
"鏡像參數"對話視窗(如圖 14-5-1)。

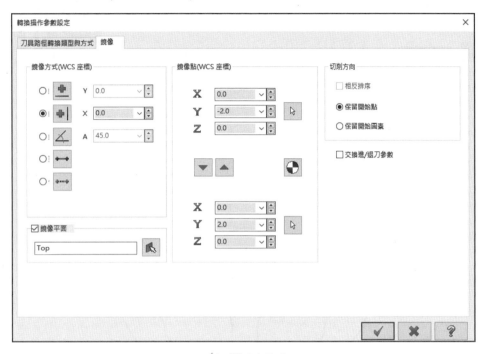

▲ 圖 14-5-1

1. **鏡像方式(WCS 座標)**

   (1) ➕：以目前構圖面的 X 軸對被選取的操作作鏡射。

   (2) ➕：以目前構圖面的 Y 軸對被選取的操作作鏡射。

   (3) ∠：以目前極座標方式對被選取的操作作鏡射。

   (4) ↔：允許從繪圖區選取一直線作為鏡射軸。

   (5) ┅：允許從繪圖區選取二個不同座標的端點，系統自動抓取圖素的二端
   點座標到[鏡像點]欄位中，再以這二基準點所形成的一直線作為鏡射軸。

   (6) **鏡像平面**：設定鏡像的構圖面。

2. **鏡像點**：為鏡射軸的二端點輸入 XYZ 三軸座標值，或是使用" ┅ "在繪圖
   區選取二基準點。

14-6 範例一

操作步驟

步驟 1 讀取圖檔

1. 請掃描 Qrcode\範例圖檔\第 14 章\旋轉路徑.mcam 圖檔,如圖 14-6-1。

▲ 圖 14-6-1

2. 圖檔中已產生了二個操作(挖槽和外形銑削)。

步驟 2　進入[路徑轉換]操作

1.　選取[刀具路徑]→[工具]→[刀具路徑轉換]。

2.　按住鍵盤上的[Shift]鍵，在原始操作列示區選取挖槽和外形銑削操作，將二個操作都打勾。並將參數設定如圖 14-6-2。

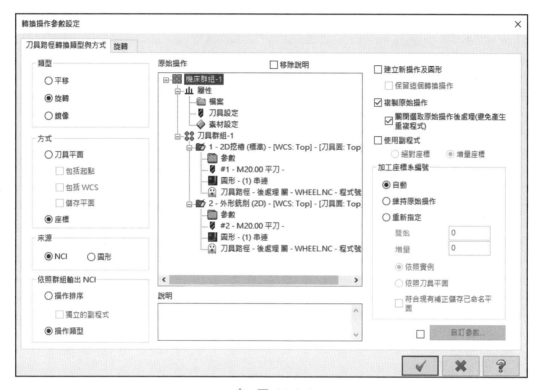

▲ 圖 14-6-2

步驟 3　設定[旋轉]標籤內參數

1.　選取[旋轉]標籤,將參數設定如圖 14-6-3。

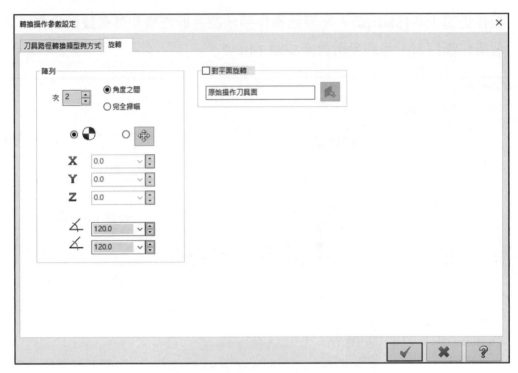

圖 14-6-3

2.　選取[確定]鈕。

3.　產生刀具路徑如圖 14-6-4。

圖 14-6-4

4. 刀具路徑管理員顯示如圖 14-6-5。

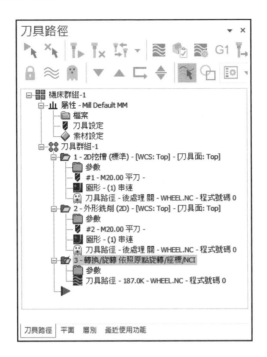

▲ 圖 14-6-5

14-7 範例二

操作步驟

步驟 1 讀取圖檔

1. 請掃描 QRcode\範例圖檔\第 14 章\平移路徑.mcam 圖檔，如圖 14-7-1。

2. 圖檔中已產生了一個操作(外形銑削)。

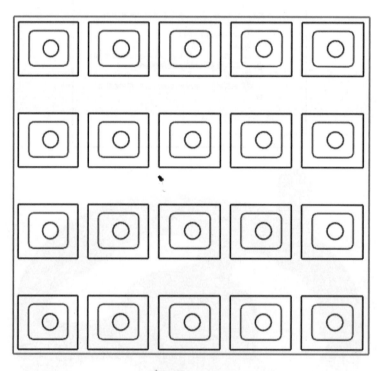

▲ 圖 14-7-1

步驟 2　進入[刀具路徑轉換]操作

1. 選取[刀具路徑]→[工具]→[刀具路徑轉換]。將[類型及方式]參數設定如圖 14-7-2。

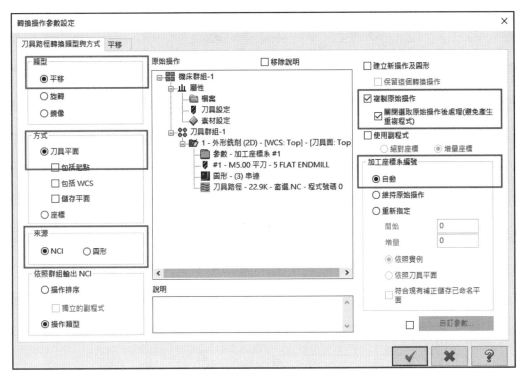

▲ 圖 14-7-2

2.　選取[平移]標籤，內容設定如圖 14-7-3。

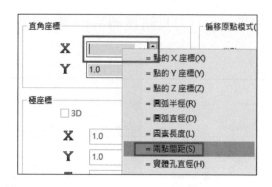

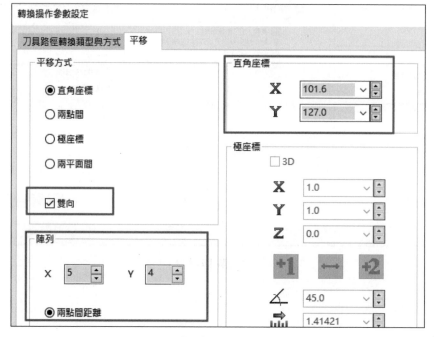

▲ 圖 14-7-3

3. 選取[確定]鈕。刀具路徑產生如圖 14-7-4。

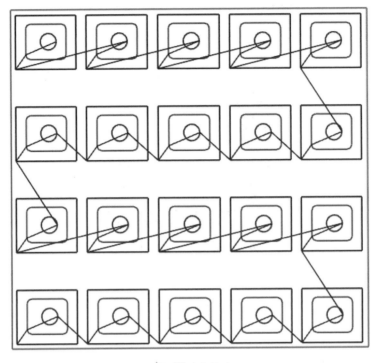

▲ 圖 14-7-4

4. 按下[Alt+O]鍵,顯示刀具路徑管理員如圖 14-7-5。

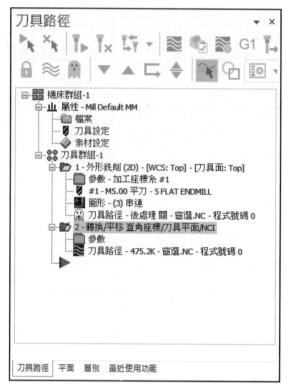

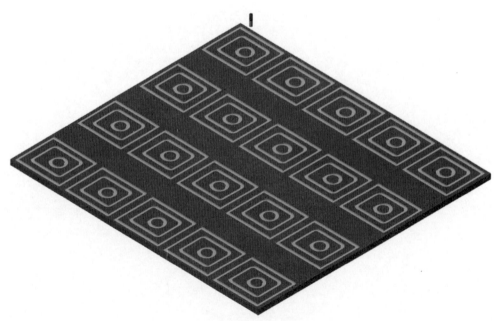

圖 14-7-5

國家圖書館出版品預行編目資料

Mastercam 2D 繪圖及加工使用手冊 / 陳肇權, 楊振
　治編著. -- 初版. -- 新北市：全華圖書股份有
　限公司, 2021.11
　　面；　公分
　ISBN 978-986-503-965-3(平裝)

　1.機械工程　2.電腦程式　3.電腦輔助設計

446.89029　　　　　　　　　　　　110018249

Mastercam 2D 繪圖及加工使用手冊

作者 / 陳肇權、楊振治

發行人 / 陳本源

執行編輯 / 蘇千寶

封面設計 / 楊昭琅

出版者 / 全華圖書股份有限公司

郵政帳號 / 0100836-1 號

印刷者 / 宏懋打字印刷股份有限公司

圖書編號 / 06480

初版一刷 / 2021 年 11 月

定價 / 新台幣 480 元

ISBN / 978-986-503-965-3 (平裝)

全華圖書 / www.chwa.com.tw

全華網路書店 Open Tech / www.opentech.com.tw

若您對本書有任何問題，歡迎來信指導 book@chwa.com.tw

臺北總公司(北區營業處)
地址：23671 新北市土城區忠義路 21 號
電話：(02) 2262-5666
傳真：(02) 6637-3695、6637-3696

南區營業處
地址：80769 高雄市三民區應安街 12 號
電話：(07) 381-1377
傳真：(07) 862-5562

中區營業處
地址：40256 臺中市南區樹義一巷 26 號
電話：(04) 2261-8485
傳真：(04) 3600-9806(高中職)
　　　(04) 3601-8600(大專)

歡迎加入 全華會員

● 會員獨享

會員享購書折扣、紅利積點、生日禮金、不定期優惠活動⋯等。

● 如何加入會員

掃 QRcode 或填妥讀者回函卡直接傳真 (02) 2262-0900 或寄回，將由專人協助登入會員資料，待收到 E-MAIL 通知後即可成為會員。

如何購買

1. 網路購書

全華網路書店「http://www.opentech.com.tw」，加入會員購書更便利，並享有紅利積點回饋等各式優惠。

2. 實體門市

歡迎至全華門市（新北市土城區忠義路 21 號）或各大書局選購。

3. 來電訂購

(1) 訂購專線：(02) 2262-5666 轉 321-324
(2) 傳真專線：(02) 6637-3696
(3) 郵局劃撥（帳號：0100836-1　戶名：全華圖書股份有限公司）
※ 購書未滿 990 元者，酌收運費 80 元。

OpenTech.com.tw 全華網路書店

全華網路書店 www.opentech.com.tw
E-mail: service@chwa.com.tw

※ 本會員制如有變更則以最新修訂制度為準，造成不便敬請見諒。

讀者回函卡

掃 QRcode 線上填寫 ▶▶▶

姓名：　　　　　　　　　生日：西元　　　年　　　月　　　日　性別：□男 □女

電話：（　　）　　　　　　　　　手機：

e-mail：（必填）

註：數字零，請用 ⊘ 表示，數字 1 與英文 L 請另註明並書寫端正，謝謝。

通訊處：□□□□□

學歷：□高中·職　□專科　□大學　□碩士　□博士

職業：□工程師　□教師　□學生　□軍·公　□其他

學校／公司：　　　　　　　　　　　科系／部門：

· 需求書類：

□ A. 電子　□ B. 電機　□ C. 資訊　□ D. 機械　□ E. 汽車　□ F. 工管　□ G. 土木　□ H. 化工　□ I. 設計

□ J. 商管　□ K. 日文　□ L. 美容　□ M. 休閒　□ N. 餐飲　□ O. 其他

· 本次購買圖書為：　　　　　　　　　　　書號：

· 您對本書的評價：

封面設計：　□非常滿意　□滿意　□尚可　□需改善，請說明

內容表達：　□非常滿意　□滿意　□尚可　□需改善，請說明

版面編排：　□非常滿意　□滿意　□尚可　□需改善，請說明

印刷品質：　□非常滿意　□滿意　□尚可　□需改善，請說明

書籍定價：　□非常滿意　□滿意　□尚可　□需改善，請說明

整體評價：請說明

· 您在何處購買本書？

□書局　□網路書店　□書展　□團購　□其他

· 您購買本書的原因？（可複選）

□個人需要　□公司採購　□親友推薦　□老師指定用書　□其他

· 您希望全華以何種方式提供出版訊息及特惠活動？

□電子報　□DM　□廣告（媒體名稱　　　　　　　　）

· 您是否上過全華網路書店？（www.opentech.com.tw）

□是　□否　您的建議

· 您希望全華出版哪方面書籍？

· 您希望全華加強哪些服務？

感謝您提供寶貴意見，全華將秉持服務的熱忱，出版更多好書，以饗讀者。

填寫日期：　　/　　/

2020.09 修訂

全華圖書　敬上

親愛的讀者：

感謝您對全華圖書的支持與愛護。雖然我們很慎重的處理每一本書，但恐仍有疏漏之處，若您發現本書有任何錯誤，請填寫於勘誤表內寄回，我們將於再版時修正，您的批評與指教是我們進步的原動力，謝謝！

勘誤表

書號		書名		作者
頁數	行數	錯誤或不當之詞句		建議修改之詞句

我有話要說：（其它之批評與建議，如封面、編排、內容、印刷品質等‧‧‧）